梅州维管植物名录

LIST OF VASCULAR PLANTS IN MEIZHOU

（第二版）

廖富林　杨和生　杨期和　刘丹洁◎编著

暨南大学出版社
JINAN UNIVERSITY PRESS

中国·广州

图书在版编目（CIP）数据

梅州维管植物名录/廖富林，杨和生，杨期和，刘丹洁编著 . —2 版 . —广州：暨南大学出版社，2019.9

ISBN 978 - 7 - 5668 - 2719 - 7

Ⅰ . ①梅⋯　　Ⅱ . ①廖⋯ ②杨⋯ ③杨⋯ ④刘⋯　　Ⅲ . ①维管植物—梅州—名录 Ⅳ . ①Q949.408 - 62

中国版本图书馆 CIP 数据核字（2019）第 201895 号

梅州维管植物名录（第二版）

MEIZHOU WEIGUAN ZHIWU MINGLU（DIERBAN）

编著者：廖富林　杨和生　杨期和　刘丹洁

出 版 人：徐义雄

策划编辑：张仲玲　武艳飞

责任编辑：武艳飞

责任校对：苏　洁

责任印制：汤慧君　周一丹

出版发行：暨南大学出版社（510630）

电　　话：总编室（8620）85221601

　　　　　营销部（8620）85225284　85228291　85228292（邮购）

传　　真：（8620）85221583（办公室）　85223774（营销部）

网　　址：http：//www.jnupress.com

排　　版：广州市天河星辰文化发展部照排中心

印　　刷：广州市快美印务有限公司

开　　本：787mm×1092mm　1/16

印　　张：12.5

字　　数：300 千

版　　次：2014 年 6 月第 1 版　2019 年 9 月第 2 版

印　　次：2019 年 9 月第 2 次

定　　价：48.00 元

第二版前言

《梅州维管植物名录》自 2014 年首次出版以来，受到读者的广泛好评，为专业教学及社会有关从业人员提供了较为系统的学习素材。随着作者近年来对梅州境内植物的考察与深入调查，发现的拾遗种类逐步增多，为完善本书内容，丰富植物种类，有必要对本书作出全面修订。

本次修订是在首版基础上，听取了广大专家和同行意见，主要改动有：①增补了 4 科、33 属、54 种维管植物；②修订了某些学名书写不规范、少数种名重复、使用不科学、科属概念与研究脱节等问题。

梅州位于广东省东北部，地处北纬 23°23′~24°56′，东经 115°18′~116°56′，东北邻福建的武平、上杭、永定、平和四县，西北接江西寻乌、会昌县，西面连河源的龙川、紫金县，西南、南面与汕尾的陆河县，揭阳的揭东、揭西县相接，东南面和潮州的潮安区、饶平县相连。其行政区划辖梅江区、梅县区、兴宁市、五华县、平远县、蕉岭县、大埔县、丰顺县。梅州总面积 15 835.7km²，地处五岭山脉以南，地势北高南低，境内 85% 左右的面积为海拔 500m 以下的丘陵山地，海拔千米以上的山峰有 9 座，其中铜鼓嶂为最高峰，海拔 1 559.5m。梅州属亚热带季风气候区，是南亚热带和中亚热带气候区的过渡地带，年降雨量 1 692.5mm，年均温为 21.3℃，7 月均温为 28.5℃，1 月均温为 11.2℃。

梅州境内植物不乏前人研究，如中南林业大学调查过大埔丰溪省级自然保护区，陈伟球研究过广东丰溪自然保护区的植物概况（陈伟球，1986），华南农业大学在平远县做过植物资源和植物群落调查，华南师范大学张金泉研究过广东阴那山自然保护区植物（张金泉，1991），华南农业大学林学院在五华县七目嶂进行了植物区系研究工作，广东省林业勘测设计院做过广东蕉岭长潭自然保护区总体规划（2001），中山大学地环学院考察过广东长潭自然保护区植物资源（2002），韩山师范学院陈蔚辉编著有《粤东植物名录》（陈蔚辉，2008），曾宪锋编著有《粤东植物多样性编目》（曾宪锋，2008），等等。作者曾利用相关课题研究和历年学生植物学野外实习的机会反复实地调查过梅州境内植物资源，结合前人的研究工作，系统整理、考证、修订和补充了梅州境内的植物种类。经统计，梅州地区记载有维管植物 240 科、1 097 属、2 888 种（包括种以下等级），其中野生维管植物 218 科、905 属、2 488 种，栽培植物 94 科、276 属、400 种；记载的维管植物中，蕨类植物 43 科、91 属、233 种，裸子植物 10 科、22 属、34 种，被子植物 187 科、984 属、2 621 种。

关于本名录的科名排序，蕨类植物按秦仁昌系统排列，裸子植物按郑万钧系统排列，被子植物按哈钦松（J. Hutchinson）系统排列；属与种名按拉丁字母顺序排列。为方便读者查阅，书中附有科中文名目录和科、属拉丁名索引；栽培植物前加"＊"号标注。

本书可供林业、园林、农业、医药等有关部门专业技术人员使用，也可作为高等院校相关专业的教学参考书使用。本书来自作者多年积累的第一手资料，又有前人的工作基础，尤其是《粤东植物多样性编目》为本书的编写提供了大量可借鉴的信息，但由于作者水平有限，书中不足与疏漏之处在所难免，恳请同行和广大读者不吝赐教，以便今后修正和完善。

作　者
2019 年 1 月于梅州

目　录
CONTENTS

二、裸子植物门
GYMNOSPERMAE

三、被子植物门
ANGIOSPERMAE

一、蕨类植物门　PTERIDOPHYTA

（一）石杉科　Huperziaceae

石杉属　*Huperzia* Bernh.

1　蛇足石杉　*Huperzia serrata*（Thunb.）Trevis.

马尾杉属　*Phlegmariurus*（Herter）Holub

2　华南马尾杉　*Phlegmariurus austrosinicus*（Ching）L. B. Zhang

3　福氏马尾杉　*Phlegmariurus fordii*（Baker）Ching

4　广东马尾杉　*Phlegmariurus guangdongensis* Ching

5　闽浙马尾杉　*Phlegmariurus minchegensis*（Ching）L. B. Zhang

6　马尾杉　*Phlegmariurus phlegmaria*（L.）Holub

（二）石松科　Lycopodiaceae

扁枝石松属　*Diphasiastrum* Holub

7　扁枝石松　*Diphasiastrum complanatum*（L.）Holub

藤石松属　*Lycopodiastrum* Holub ex Dixit

8　藤石松　*Lycopodiastrum casuarinoides*（Spring）Holub ex R. D. Dixit

石松属　*Lycopodium* L.

9　石松　*Lycopodium japonicum* Thunb.

垂穗石松属　*Palhinhaea* Franco et Vasc. ex Vasc. et Franco

10　垂穗石松　*Palhinhaea cernua*（L.）Franco et Vasc.

（三）卷柏科　Selaginellaceae

卷柏属　*Selaginella* P. Beauv.

11　二形卷柏　*Selaginella biformis* A. Braun ex Kuhn

12　缘毛卷柏　*Selaginella ciliaris*（Retz.）Spring

13	蔓出卷柏	*Selaginella davidii* Franch.
14	薄叶卷柏	*Selaginella delicatula*（Desv. ex Poir.）Alston
15	深绿卷柏	*Selaginella doederleinii* Hieron.
16	粗叶卷柏	*Selaginella doederleinii* Hieron. subsp. *trachyphylla* X. C. Zhang
17	疏松卷柏	*Selaginella effusa* Alston
18	兖州卷柏	*Selaginella involvens*（Sw.）Spring
19	细叶卷柏	*Selaginella labordei* Hieron. ex H. Christ
20	耳基卷柏	*Selaginella limbata* Alston
21	江南卷柏	*Selaginella moellendorffii* Hieron.
22	伏地卷柏	*Selaginella nipponica* Fr. et Sav.
23	疏叶卷柏	*Selaginella remotifolia* Spring
24	卷柏	*Selaginella tamariscina*（Beauv.）Spring
25	翠云草	*Selaginella uncinata*（Desv.）Spring

（四）木贼科　　Equisetaceae

木贼属　　***Equisetum* L.**

26	散生木贼	*Equisetum diffusum* D. Don
27	木贼	*Equisetum hyemale* L.
28	节节草	*Equisetum ramosissimum* Desf.
29	笔管草	*Equisetum ramosissimum* Desf. subsp. *debile*（Roxb. ex Vauch.）Hauke

（五）瓶尔小草科　　Ophioglossaceae

瓶尔小草属　　***Ophioglossum* Linn.**

30	瓶尔小草	*Ophioglossum vulgatum* L.

（六）观音座莲科　　Angiopteridaceae

观音座莲属　　***Angiopteris* Hoffm.**

31	福建观音座莲	*Angiopteris fokiensis* Hieron.
32	心脏形观音座莲	*Angiopteris subcordata* Ching

（七）紫萁科　　　　Osmundaceae

紫萁属　　　　*Osmunda* L.

33	粗齿紫萁	*Osmunda banksiifolia*（Presl）Kuhn
34	紫萁	*Osmunda japonica* Thunb.
35	华南紫萁	*Osmunda vachellii* Hook.

（八）瘤足蕨科　　　　Plagiogyriaceae

瘤足蕨属　　　　*Plagiogyria* Mett.

36	瘤足蕨	*Plagiogyria adnata*（Bl.）Bedd.
37	镰叶瘤足蕨	*Plagiogyria distinctissima* Ching
38	倒叶瘤足蕨	*Plagiogyria dunnii* Cop.
39	华中瘤足蕨	*Plagiogyria euphlebia*（Kunze）Mett.
40	华东瘤足蕨	*Plagiogyria japonica* Nakai
41	两广瘤足蕨	*Plagiogyria liankwangensis* Ching
42	华南瘤足蕨	*Plagiogyria tenuifolia* Copel.

（九）里白科　　　　Gleicheniaceae

芒萁属　　　　*Dicranopteris* Berhn.

43	芒萁	*Dicranopteris dichotoma*（Thunb.）Berhn.
44	铁芒萁	*Dicranopteris linearis*（Burm. f.）Underw.

里白属　　　　*Hicriopteris* Presl

45	中华里白	*Hicriopteris chinensis*（Rosenst.）Ching
46	里白	*Hicriopteris glauca*（Thunb. ex Houtt.）Ching
47	光里白	*Hicriopteris laevissima*（H. Christ）Ching

（十）海金沙科　　　　Lygodiaceae

海金沙属　　　　*Lygodium* Sw.

48	海金沙	*Lygodium japonicum*（Thunb.）Sw.
49	小叶海金沙	*Lygodium scandens*（L.）Sw.

（十一）膜蕨科　　Hymenophyllaceae

团扇蕨属　　*Gonocormus* v. d. Bosch.

　50　团扇蕨　　*Gonocormus minutus*（Bl.）v. d. Bosch.

膜蕨属　　*Hymenophyllum* Sm.

　51　华东膜蕨　　*Hymenophyllum barbatum*（Bosch.）Baker

蕗蕨属　　*Mecodium* Presl

　52　蕗蕨　　*Mecodium badium*（Hook. et Grev.）Cop.

瓶蕨属　　*Vandenboschia* Cop.

　53　瓶蕨　　*Vandenboschia auriculata*（Blume）Copel.

　54　漏斗瓶蕨　　*Vandenboschia naseana*（H. Christ）Ching

　55　南海瓶蕨　　*Vandenboschia radicans*（Sw.）Copel.

（十二）蚌壳蕨科　　Dicksoniaceae

金毛狗属　　*Cibotium* Kaulf.

　56　金毛狗　　*Cibotium barometz*（L.）J. Sm.

（十三）桫椤科　　Cyatheaceae

桫椤属　　*Alsophila* R. Br.

　57　黑桫椤　　*Alsophila podophylla* Hook.

　58　桫椤　　*Alsophila spinulosa*（Wall. ex Hook.）

（十四）碗蕨科　　Dennstaedtiaceae

碗蕨属　　*Dennstaedtia* Bernh.

　59　碗蕨　　*Dennstaedtia scabra*（Wall.）Moore

鳞盖蕨属　　*Microlepia* Presl

　60　光叶鳞盖蕨　　*Microlepia calvescens*（Wall. ex Hook.）C. Presl

　61　华南鳞盖蕨　　*Microlepia hancei* Prantl

　62　虎克鳞盖蕨　　*Microlepia hookeriana*（Wall. ex Hook.）C. Presl

　63　边缘鳞盖蕨　　*Microlepia marginata*（Houtt.）C. Chr.

64　中华鳞盖蕨　　　　　*Microlepia sinostrigosa* Ching

65　粗毛鳞盖蕨　　　　　*Microlepia strigosa*（Thunb.）C. Presl

（十五）陵齿蕨科　　　Lindsaeaceae

陵齿蕨属　　　　　　*Lindsaea* Dry Sw.

66　陵齿蕨　　　　　　*Lindsaea cultrata*（Willd.）Sw.

67　长柄陵齿蕨　　　　*Lindsaea longipetiolata* Ching

68　团叶陵齿蕨　　　　*Lindsaea orbiculata*（Lam.）Mett.

双唇蕨属　　　　　　*Schizoloma* Gaud

69　异叶双唇蕨　　　　*Schizoloma heterophyllum*（Dryand.）J. Sm.

乌蕨属　　　　　　　*Stenoloma* Maxon.

70　乌蕨　　　　　　　*Stenoloma chusanum*（L.）Ching

（十六）姬蕨科　　　　Hypolepidaceae

姬蕨属　　　　　　　*Hypolepis* Bernh.

71　姬蕨　　　　　　　*Hypolepis punctata*（Thunb.）Mett.

（十七）蕨科　　　　　Pteridiaceae

蕨属　　　　　　　　*Pteridium* Scopoli

72　蕨　　　　　　　　*Pteridium aquilinum*（L.）Kuhn var. *latiusculum*（Desv.）Underw. ex Heller

73　毛轴蕨　　　　　　*Pteridium revolutum*（Bl.）Nakai

（十八）凤尾蕨科　　　Pteridaceae

栗蕨属　　　　　　　*Histiopteris*（Agardh）J. Sm.

74　栗蕨　　　　　　　*Histiopteris incisa*（Thunb.）J. Sm.

凤尾蕨属　　　　　　*Pteris* L.

75　凤尾蕨　　　　　　*Pteris cretica* L. var. *nervosa*（Thunb.）Ching et S. H. Wu

76	刺齿半边旗	*Pteris dispar* Kze.
77	剑叶凤尾蕨	*Pteris ensiformis* Burm.
78	溪边凤尾蕨	*Pteris excelsa* Gaud.
79	傅氏凤尾蕨	*Pteris fauriei* Hieron.
80	全缘凤尾蕨	*Pteris insignis* Mett. ex Kuhn.
81	平羽凤尾蕨	*Pteris kiuschiuensis* Hieron.
82	两广凤尾蕨	*Pteris maclurei* Ching
83	井栏边草	*Pteris multifida* Poir.
84	斜羽凤尾蕨	*Pteris oshimensis* Hieron.
85	栗柄凤尾蕨	*Pteris plumbea* Christ
86	半边旗	*Pteris semipinnata* L.
87	三叉凤尾蕨	*Pteris tripartita* Sw.
88	蜈蚣草	*Pteris vittata* L.

（十九）中国蕨科　　Sinopteridaceae

碎米蕨属　　*Cheilosoria* Trev.

89	毛轴碎米蕨	*Cheilosoria chusana*（Hook.）Ching et K. H. Shing
90	碎米蕨	*Cheilosoria mysuriensis*（Wall. ex Hook.）Ching et K. H. Shing
91	薄叶碎米蕨	*Cheilosoria tenuifolia*（Burm. f.）Trev.

黑心蕨属　　*Doryopteris* J. Sm.

| 92 | 黑心蕨 | *Doryopteris concolor*（Langsd. et Fisch.）Kuhn |

薄鳞蕨属　　*Leptolepidium* Hsing et S. K. Wu

| 93 | 绒毛薄鳞蕨 | *Leptolepidium subvillosum*（Hook.）K. H. shing et S. K. Wu |

隐囊蕨属　　*Notholaena* R. Br.

| 94 | 隐囊蕨 | *Notholaena hirsuta*（Poir.）Desv. |

金粉蕨属　　*Onychium* Kaulf.

| 95 | 野雉尾金粉蕨 | *Onychium japonicum*（Thunb.）Kunze |

（二十）铁线蕨科　　Adiantaceae

铁线蕨属　　*Adiantum* L.

| 96 | 鞭叶铁线蕨 | *Adiantum caudatum* L. |
| 97 | 长尾铁线蕨 | *Adiantum diaphanum* Blume |

98	扇叶铁线蕨	*Adiantum flabellulatum* L.
99	假鞭叶铁线蕨	*Adiantum malesianum* Ghatak
100	半月形铁线蕨	*Adiantum philippense* L.

（二十一）水蕨科　　Parkeriaceae

水蕨属　　***Ceratopteris* Brongn.**

| 101 | 水蕨 | *Ceratopteris thalictroides*（L.）Brongn. |

（二十二）裸子蕨科　　Hemionitidaceae

凤丫蕨属　　***Coniogramme* Fee**

| 102 | 普通凤丫蕨 | *Coniogramme intermedia* Hieron. |
| 103 | 凤丫蕨 | *Coniogramme japonica*（Thunb.）Diels |

粉叶蕨属　　***Pityrogramme* Link**

| 104 | 粉叶蕨 | *Pityrogramme calomelanos*（L.）Link |

（二十三）车前蕨科　　Antrophyaceae

车前蕨属　　***Antrophyum* Kaulf.**

| 105 | 长柄车前蕨 | *Antrophyum obovatum* Baker |

（二十四）书带蕨科　　Vittariaceae

书带蕨属　　***Vittaria* Sm.**

| 106 | 书带蕨 | *Vittaria flexuosa* Fee |

（二十五）蹄盖蕨科　　Athyriaceae

短肠蕨属　　***Allantodia* R. Br.**

107	边生短肠蕨	*Allantodia contermina*（H. Christ）Ching
108	阔片短肠蕨	*Allantodia matthewii*（Copel.）Ching
109	江南短肠蕨	*Allantodia metteniana*（Miq.）Ching

110　淡绿短肠蕨　　　　*Allantodia virescens*（Kunze）Ching

假蹄盖蕨属　　　　　***Athyriopsis* Ching**

111　假蹄盖蕨　　　　　*Athyriopsis japonica*（Thunb.）Ching

112　毛轴假蹄盖蕨　　　*Athyriopsis petersenii*（Kunze）Ching

菜蕨属　　　　　　　***Callipteris* Bory**

113　菜蕨　　　　　　　*Callipteris esculenta*（Retz.）J. Sm. ex T. Moore et Houlston

双盖蕨属　　　　　　***Diplazium* Sw.**

114　双盖蕨　　　　　　*Diplazium donianum*（Mett.）Tard. -Blot.

115　锯齿双盖蕨　　　　*Diplazium serratifolium* Ching

116　单叶双盖蕨　　　　*Diplazium subsinuatum*（Wall. ex Hook. et Grev.）Tagawa

117　羽裂叶双盖蕨　　　*Diplazium tomitaroanum* Masam.

毛轴线盖蕨属　　　　***Monomelangium* Hayata**

118　毛轴线盖蕨　　　　*Monomelangium pullingeri*（Baker）Tagawa

（二十六）金星蕨科　　Thelypteridaceae

毛蕨属　　　　　　　***Cyclosorus* Link**

119　渐尖毛蕨　　　　　*Cyclosorus acuminatus*（Houtt.）Nakai

120　华南毛蕨　　　　　*Cyclosorus parasiticus*（L.）Farwell

121　台湾毛蕨　　　　　*Cyclosorus taiwanensis*（C. Chr.）H. Ito

圣蕨属　　　　　　　***Dictyocline* Moore**

122　闽浙圣蕨　　　　　*Dictyocline mingchengensis* Ching

金星蕨属　　　　　　***Parathelypteris*（H. Ito）Ching**

123　金星蕨　　　　　　*Parathelypteris glanduligera* Ching

124　中日金星蕨　　　　*Parathelypteris nipponica*（Franch. et Sav.）Ching

卵果蕨属　　　　　　***Phegopteris* Fee**

125　延羽卵果蕨　　　　*Phegopteris decursivepinnata*（van Hall）Fee

新月蕨属　　　　　　***Pronephrium* Presl**

126　新月蕨　　　　　　*Pronephrium gymnopteridifrons*（Hay.）Holtt.

127　针毛新月蕨　　　　*Pronephrium hirsutum* Ching et Y. X. Lin

128　红色新月蕨　　　　*Pronephrium lakhimpurense*（Rosenst.）Holtt.

129　微红新月蕨　　　　*Pronephrium megacuspe*（Bak.）Holtt.

130　披针新月蕨　　　　*Pronephrium penangianum*（Hook.）Holtt.

| 131 | 单叶新月蕨 | *Pronephrium simplex*（Hook.）Holtt. |
| 132 | 三羽新月蕨 | *Pronephrium triphyllum*（Sw.）Holtt. |

假毛蕨属　　　**Pseudocyclosorus Ching**

| 133 | 普通假毛蕨 | *Pseudocyclosorus subochthodes*（Ching）Ching |

溪边蕨属　　　**Stegnogramma Bl.**

| 134 | 屏边溪边蕨 | *Stegnogramma dictyoclinoides* Ching |

（二十七）铁角蕨科　　Aspleniaceae

铁角蕨属　　　**Asplenium Linn.**

135	华南铁角蕨	*Asplenium austrochinense* Ching
136	齿果铁角蕨	*Asplenium cheilosorum* Kunze ex Mett.
137	毛轴铁角蕨	*Asplenium crinicaule* Hance
138	乌木铁角蕨	*Asplenium fuscipes* Bak.
139	厚叶铁角蕨	*Asplenium griffithianum* Hook.
140	胎生铁角蕨	*Asplenium indicum* Sledge
141	棕鳞铁角蕨	*Asplenium indicum* Sledge var. *yoshinagae*（Makino）Ching et S. H. Wu
142	大羽铁角蕨	*Asplenium neolaserpitiifolium* Tard. -Blot et Ching
143	倒挂铁角蕨	*Asplenium normale* Don
144	北京铁角蕨	*Asplenium pekinense* Hance
145	长叶铁角蕨	*Asplenium prolongatum* Hook.
146	两广铁角蕨	*Asplenium pseudowrightii* Ching
147	铁角蕨	*Asplenium trichomanes* L.
148	狭翅铁角蕨	*Asplenium wrightii* Eaton ex Hook.

巢蕨属　　　**Neottopteris J. Sm.**

| 149 | 狭翅巢蕨 | *Neottopteris antrophyoides*（Christ）Ching |

（二十八）乌毛蕨科　　Blechnaceae

乌毛蕨属　　　**Blechnum L.**

| 150 | 乌毛蕨 | *Blechnum orientale* L. |

苏铁蕨属　　　**Brainea J. Sm.**

| 151 | 苏铁蕨 | *Brainea insignis*（Hook.）J. Sm. |

崇澍蕨属	*Chieniopteris* Ching
152 崇澍蕨	*Chieniopteris harlandii*（Hook.）Ching
153 裂羽崇澍蕨	*Chieniopteris kempii*（Copel.）Ching
荚囊蕨属	*Struthiopteris* Scopoli
154 荚囊蕨	*Struthiopteris eburnea*（Christ）Ching
狗脊属	*Woodwardia* Smith
155 狗脊	*Woodwardia japonica*（Linn. f.）Sm.
156 东方狗脊	*Woodwardia orientalis* Sw.
157 珠芽狗脊	*Woodwardia prolifera* Hook. et Arn.

（二十九）岩蕨科　　Woodsiaceae

岩蕨属	*Woodsia* R. Br.
158 耳羽岩蕨	*Woodsia polystichoides* Eaton

（三十）鳞毛蕨科　　Dryopteridaceae

复叶耳蕨属	*Arachniodes* Bl.
159 多羽复叶耳蕨	*Arachniodes amoena*（Ching）Ching
160 背囊复叶耳蕨	*Arachniodes cavalerii*（Christ）Ohwi
161 中华复叶耳蕨	*Arachniodes chinensis*（Rosenst.）Ching
162 刺头复叶耳蕨	*Arachniodes exilis*（Hance）Ching
163 缩羽复叶耳蕨	*Arachniodes reducta* Y. T. Hsieh et Y. P. Wu
164 斜方复叶耳蕨	*Arachniodes rhomboidea*（Wall. ex Mett.）Ching
鞭叶蕨属	*Cyrtomidictyum* Ching
165 阔镰鞭叶蕨	*Cyrtomidictyum faberi*（Baker）Ching
贯众属	*Cyrtomium* Presl
166 镰羽贯众	*Cyrtomium balansae*（Christ）C. Chr.
167 贯众	*Cyrtomium fortunei* J. Sm.
鳞毛蕨属	*Dryopteris* Adanson
168 暗鳞鳞毛蕨	*Dryopteris atrata*（Wall.）Ching
169 阔鳞鳞毛蕨	*Dryopteris championii*（Benth.）C. Chr.
170 弯羽鳞毛蕨	*Dryopteris cyclopeltidiformis* C. Chr.

171	迷人鳞毛蕨	*Dryopteris decipiens*（Hook.）Kuntze
172	深裂迷人鳞毛蕨	*Dryopteris decipiens*（Hook.）Kuntze var. *diplazioides*（H. Christ）Ching
173	黑足鳞毛蕨	*Dryopteris fuscipes* C. Chr.
174	羽裂鳞毛蕨	*Dryopteris integriloba* C. Chr.
175	齿头鳞毛蕨	*Dryopteris labordei*（Christ）C. Chr.
176	黑鳞远轴鳞毛蕨	*Dryopteris namegatae*（Sa. Kurata）Sa. Kurata
177	太平鳞毛蕨	*Dryopteris pacifica*（Nakai）Tagawa
178	柄叶鳞毛蕨	*Dryopteris podophylla*（Hook.）Kuntze
179	无盖鳞毛蕨	*Dryopteris scottii*（Bedd.）Ching
180	稀羽鳞毛蕨	*Dryopteris sparsa*（D. Don）Kuntze
181	华南鳞毛蕨	*Dryopteris tenuicula* C. G. Matthew et H. Christ
182	变异鳞毛蕨	*Dryopteris varia*（L.）O. Ktze.

耳蕨属   *Polystichum* Roth

183	灰绿耳蕨	*Polystichum eximium*（Mett. ex Kuhn）C. Chr.
184	小戟叶耳蕨	*Polystichum hancockii*（Hance）Diels
185	黑鳞耳蕨	*Polystichum makinoi*（Tagawa）Tagawa
186	对马耳蕨	*Polystichum tsus-simense*（Hook.）J. Sm.

（三十一）三叉蕨科   Aspidiaceae

肋毛蕨属   *Ctenitis*（C. Chr.）C. Chr.

| 187 | 阔鳞肋毛蕨 | *Ctenitis maximowicziana*（Miq.）Ching |
| 188 | 虹鳞肋毛蕨 | *Ctenitis rhodolepis*（Clarke）Ching |

三叉蕨属   *Tectaria* Cav.

189	条裂三叉蕨	*Tectaria phaeocaulis*（Rosenst.）C. Chr.
190	燕尾叉蕨	*Tectaria simonsii*（Baker）Ching
191	三叉蕨	*Tectaria subtriphylla*（Hook. et Arn.）Cop.

（三十二）实蕨科   Bolbitidaceae

实蕨属   *Bolbitis* Schott

| 192 | 华南实蕨 | *Bolbitis subcordata*（Copel.）Ching |

（三十三）舌蕨科　　Elaphoglossaceae

舌蕨属　　*Elaphoglossum* Schott

  193　华南舌蕨　　*Elaphoglossum yoshinagae*（Yatabe）Makino

（三十四）肾蕨科　　Nephrolepidaceae

肾蕨属　　*Nephrolepis* Schott

  194　肾蕨　　*Nephrolepis auriculata*（Linn.）Trimen

（三十五）骨碎补科　　Davalliaceae

阴石蕨属　　*Humata* Cav.

  195　阴石蕨　　*Humata repens*（L. f.）J. Small ex Diels
  196　圆盖阴石蕨　　*Humata tyermanni* Moore

（三十六）水龙骨科　　Polypodiaceae

线蕨属　　*Colysis* C. Presl

  197　线蕨　　*Colysis elliptica*（Thunb.）Ching
  198　宽羽线蕨　　*Colysis elliptica*（Thunb.）Ching var. *pothifolia* Ching
  199　胄叶线蕨　　*Colysis hemitoma*（Hance）Ching
  200　矩圆线蕨　　*Colysis henryi*（Bak.）Ching

丝带蕨属　　*Drymotaenium* Makino

  201　丝带蕨　　*Drymotaenium miyoshianum*（Makino）Makino

伏石蕨属　　*Lemmaphyllum* C. Presl

  202　伏石蕨　　*Lemmaphyllum microphyllum* Presl

骨牌蕨属　　*Lepidogrammitis* Ching

  203　抱石莲　　*Lepidogrammitis drymoglossoides*（Baker）Ching
  204　骨牌蕨　　*Lepidogrammitis rostrata*（Bedd.）Ching

瓦韦属　　*Lepisorus*（J. Sm.）Ching

  205　粤瓦韦　　*Lepisorus obscurevenulosus*（Hayata）Ching

206	鳞瓦韦	*Lepisorus oligolepidus*（Baker）Ching
207	百华山瓦韦	*Lepisorus paohuashanensis* Ching
208	瓦韦	*Lepisorus thunbergianus*（Kaulf.）Ching

星蕨属   *Microsorum* Link

209	江南星蕨	*Microsorum fortunei*（T. Moore）Ching
210	羽裂星蕨	*Microsorum insigne*（Blume）Copel.
211	有翅星蕨	*Microsorum pteropus*（Blume）Copel.

盾蕨属   *Neolepisorus* Ching

212	盾蕨	*Neolepisorus ovatus*（bedd.）Ching

假瘤蕨属   *Phymatopteris* Pic. Serm.

213	金鸡脚假瘤蕨	*Phymatopteris hastata*（Thunb.）Pic. Serm.
214	喙叶假瘤蕨	*Phymatopteris rhynchophylla*（Hook.）Pic. Serm.

瘤蕨属   *Phymatosorus* Pic. Serm.

215	瘤蕨	*Phymatosorus scolopendria*（Burm. f.）Pic. Serm.

水龙骨属   *Polypodiodes* Ching

216	日本水龙骨	*Polypodiodes niponica*（Mett.）Ching

石韦属   *Pyrrosia* Mirbel

217	贴生石韦	*Pyrrosia adnascens*（Sw.）Ching
218	相近石韦	*Pyrrosia assimilis*（Baker）Ching
219	光石韦	*Pyrrosia calvata*（Baker）Ching
220	石韦	*Pyrrosia lingua*（Thunb.）Farw.
221	有柄石韦	*Pyrrosia petiolosa*（Christ）Ching
222	绒毛石韦	*Pyrrosia subfurfuracea*（Hook.）Ching

（三十七）槲蕨科   Drynariaceae

槲蕨属   *Drynaria*（Bory）J. Sm.

223	槲蕨	*Drynaria roosii* Nakaike

崖姜蕨属   *Pseudodrynaria*（C. Chr.）C. Chr.

224	崖姜	*Pseudodrynaria coronans*（Wall. ex Mett.）Ching

（三十八）鹿角蕨科　　Platyceriaceae

鹿角蕨属　　*Platycerium* Desv.

*225　二歧鹿角蕨　　*Platycerium bifurcatum*（Cav.）C. Chr.

*226　鹿角蕨　　*Platycerium wallichii* Hook.

（三十九）禾叶蕨科　　Grammitidaceae

禾叶蕨属　　*Grammitis* Sw.

227　短柄禾叶蕨　　*Grammitis dorsipila*（Christ）C. Chr. et Tardieu

（四十）剑蕨科　　Loxogrammaceae

剑蕨属　　*Loxogramme*（Blume）C. Presl

228　匙叶剑蕨　　*Loxogramme grammitoides*（Bak.）C. Chr.

229　柳叶剑蕨　　*Loxogramme salicifolia*（Makino.）Makino.

（四十一）苹科　　Marsileaceae

苹属　　*Marsilea* L.

230　苹　　*Marsilea quadrifolia* L.

（四十二）槐叶苹科　　Salviniacae

槐叶苹属　　*Salvinia* Adans.

231　槐叶苹　　*Salvinia natans*（Linn.）All.

（四十三）满江红科　　Azollaceae

满江红属　　*Azolla* Lam.

232　满江红　　*Azolla imbricata*（Roxb.）Nakai

233　常绿满江红　　*Azolla imbricata*（Roxb.）Nakai var. *sempervirens* Y. X. Ling

二、裸子植物门 GYMNOSPERMAE

（四十四）苏铁科　Cycadaceae

苏铁属　*Cycas* Linn.
- *234　篦齿苏铁　*Cycas pectinata* Griff.
- *235　苏铁　*Cycas revoluta* Thunb.
- *236　华南苏铁　*Cycas rumphii* Miq.
- 237　台湾苏铁　*Cycas taiwaniana* Carruth.

泽米苏铁属　*Zamia* L. f.
- *238　鳞秕泽米铁　*Zamia furfuracea* L. f.

（四十五）银杏科　Ginkgoaceae

银杏属　*Ginkgo* Linn.
- *239　银杏　*Ginkgo biloba* L.

（四十六）南洋杉科　Araucariaceae

南洋杉属　*Araucaria* Juss.
- *240　南洋杉　*Araucaria cunninghamii* Sweet
- *241　异叶南洋杉　*Araucaria heterophylla*（Salisb.）Franco

（四十七）松科　Pinaceae

油杉属　*Keteleeria* Carr.
- 242　油杉　*Keteleeria fortunei*（Murr.）Carr.

松属　*Pinus* Linn
- *243　湿地松　*Pinus elliottii* Engelm.

| 244 | 马尾松 | *Pinus massoniana* Lamb. |
| *245 | 黑松 | *Pinus thunbergii* Parl. |

（四十八）杉科　　Taxodiaceae

柳杉属　　*Cryptomeria* D. Don

| 246 | 柳杉 | *Cryptomeria fortunei* Hooibr. |

杉木属　　*Cunninghamia* R. Br

| 247 | 杉木 | *Cunninghamia lanceolata*（Lamb.）Hook. |

水松属　　*Glyptostrobus* Endl.

| *248 | 水松 | *Glyptostrobus pensilis*（Staunt.）K. Koch |

水杉属　　*Metasequoia* Miki ex Hu et Cheng

| *249 | 水杉 | *Metasequoia glyptostroboides* Hu et Cheng |

落羽杉属　　*Taxodium* Rich.

| *250 | 池杉 | *Taxodium ascendens* Brongn. |
| *251 | 落羽杉 | *Taxodium distichum*（L.）Rich. |

（四十九）柏科　　Cupressaceae

扁柏属　　*Chamaecyparis* Spach

| *252 | 日本花柏 | *Chamaecyparis pisifera*（Sieb. et Zucc.）Endl. |

柏木属　　*Cupressus* Linn.

| *253 | 柏木 | *Cupressus funebris* Endl. |

福建柏属　　*Fokienia* A. Henry et H. H. Thoms

| *254 | 福建柏 | *Fokienia hodginsii*（Dunn）Henry et Thoms |

刺柏属　　*Juniperus* Linn.

| *255 | 刺柏 | *Juniperus formosana* Hayata |

侧柏属　　*Platycladus* Spach

| *256 | 侧柏 | *Platycladus orientalis*（L.）Franco |
| *257 | 千头柏 | *Platycladus orientalis*（L.）Franco cv. *Sieboldii* |

圆柏属　　*Sabina* Linn.

| *258 | 圆柏 | *Sabina chinensis*（L.）Antoine |

（五十）罗汉松科　Podocarpaceae

罗汉松属　***Podocarpus*** L. Her. ex Persoon

　*259　罗汉松　　*Podocarpus macrophyllus*（Thunb.）D. Don
　260　竹柏　　　*Podocarpus nagi*（Thunb.）Zoll. et Mor ex Zoll.
　261　百日青　　*Podocarpus neriifolius* D. Don

（五十一）三尖杉科　Cephalotaxaceae

三尖杉属　***Cephalotaxus*** Sieb. et Zucc. ex Endl.

　262　三尖杉　　*Cephalotaxus fortunei* Hook. f.

（五十二）红豆杉科　Taxaceae

穗花杉属　***Amentotaxus*** Pilger

　263　穗花杉　　*Amentotaxus argotaenia*（Hance）Pilger.

红豆杉属　***Taxus*** Linn.

　264　南方红豆杉　*Taxus chinensis*（Pilger）Rehd. var. *mairei*（Leme′e et Le′vl）
Cheng et L. K. Fu

（五十三）买麻藤科　Gnetaceae

买麻藤属　***Gnetum*** Linn

　265　罗浮买麻藤　*Gnetum lofuense* C. Y. Cheng
　266　买麻藤　　　*Gnetum montanum* Markgr.
　267　小叶买麻藤　*Gnetum parvifolium* C. Y. Cheng

三、被子植物门 ANGIOSPERMAE

（五十四）木兰科　Magnoliaceae

木兰属　　　　　　　　　　*Magnolia* Linn.

  ＊268　夜香木兰　　*Magnolia coco*（Lour.）DC.

  ＊269　玉兰　　　　　*Magnolia denudata* Desr.

  ＊270　荷花玉兰　　*Magnolia grandiflora* Linn.

  ＊271　紫玉兰　　　　*Magnolia liliiflora* Desr.

  ＊272　二乔木兰　　*Magnolia soulangeana* Soul. -Bod.

木莲属　　　　　　　　　　*Manglietia* Bl.

  273　木莲　　　　　*Manglietia fordiana* Oliv.

  274　毛桃木莲　　*Manglietia moto* Dandy

含笑属　　　　　　　　　　*Michelia* Linn.

  ＊275　白兰　　　　　*Michelia alba* DC.

  ＊276　黄兰　　　　　*Michelia champaca* L.

  ＊277　含笑花　　　　*Michelia figo*（Lour.）Spreng.

  278　金叶含笑　　*Michelia foveolata* Merr. ex Dandy

  279　福建含笑　　*Michelia fujianensis* Q. F. Zheng

  280　醉香含笑　　*Michelia macclurei* Dandy

  281　深山含笑　　*Michelia maudiae* Dunn

  282　野含笑　　　　*Michelia skinneriana* Dunn

观光木属　　　　　　　　　*Tsoongiodendron* Chun

  283　观光木　　　　*Tsoongiodendron odorum* Chun

（五十五）八角科　Illiciaceae

八角属　　　　　　　　　　*Illicium* Linn.

  284　假地枫皮　　*Illicium jiadifengpi* B. N. Chang

  285　红毒茴　　　　*Illicium lanceolatum* A. C. Sm.

286	大八角	*Illicium majus* Hook. f. et Thomson
287	厚皮香八角	*Illicium ternstroemioides* A. C. Smith.
288	粤中八角	*Illicium tsangii* A. C. Sm.

（五十六）五味子科　Schisandraceae

南五味子属　*Kadsura* Kaempf. ex Juss.

289	黑老虎	*Kadsura coccinea*（Lem.）A. C. Smith.
290	异形南五味子	*Kadsura heteroclita*（Roxb.）Craib.
291	南五味子	*Kadsura longipedunculata* Finet et Gagnep.
292	冷饭藤	*Kadsura oblongifolia* Merr.

五味子属　*Schisandra* Michx.

| 293 | 翼梗五味子 | *Schisandra henryi* Clarke |
| 294 | 绿叶五味子 | *Schisandra viridis* A. C. Smith. |

（五十七）番荔枝科　Annonaceae

鹰爪花属　*Artabotrys* R. Br. ex Ker

| 295 | 鹰爪花 | *Artabotrys hexapetalus*（Linn. f.）Bhandari |
| 296 | 香港鹰爪花 | *Artabotrys hongkongensis* Hance |

假鹰爪属　*Desmos* Lour.

| 297 | 假鹰爪 | *Desmos chinensis* Lour. |

瓜馥木属　*Fissistigma* Griff.

298	白叶瓜馥木	*Fissistigma glaucescens*（Hance）Merr.
299	瓜馥木	*Fissistigma oldhamii*（Hemsl.）Merr.
300	黑风藤	*Fissistigma polyanthum*（Wall.）Merr.
301	香港瓜馥木	*Fissistigma uonicum*（Dunn.）Merr.

银钩花属　*Mitrephora*（Bl.）Hook. f. et Thoms.

| 302 | 山蕉 | *Mitrephora maingayi* Hook. f. et Thoms. |

紫玉盘属　*Uvaria* Linn.

| 303 | 光叶紫玉盘 | *Uvaria boniana* Finet. et Gagnep. |
| 304 | 紫玉盘 | *Uvaria microcarpa* Roxb. |

（五十八）樟科　　Lauraceae

黄肉楠属　　*Actinodaphne* Nees

305　马关黄肉楠　　*Actinodaphne tsaii* Hu

琼楠属　　*Beilschmiedia* Nees

306　广东琼楠　　*Beilschmiedia fordii* Dunn

307　网脉琼楠　　*Beilschmiedia tsangii* Merr.

无根藤属　　*Cassytha* Linn.

308　无根藤　　*Cassytha filiformis* Linn.

樟属　　*Cinnamomum* Trew

309　华南桂　　*Cinnamomum austrosinense* Hung T. Chang

310　阴香　　*Cinnamomum burmanni* BL.（Nees et T. Nees）Blume

311　樟　　*Cinnamomum camphora*（L.）Presl.

＊312　肉桂　　*Cinnamomum cassia* Presl.

313　软皮桂　　*Cinnamomum liangii* C. K. Allen

314　沉水樟　　*Cinnamomum micranthum*（Hay.）

315　少花桂　　*Cinnamomum pauciflorum* Nees

316　黄樟　　*Cinnamomum porrectum*（Roxb.）Kosterm.

317　香桂　　*Cinnamomum subavenium* Miq.

318　辣汁树　　*Cinnamomum tsangii* Merr.

319　川桂　　*Cinnamomum wilsonii* Gamble

厚壳桂属　　*Cryptocarya* R. Br.

320　厚壳桂　　*Cryptocarya chinensis*（Hance）Hemsl.

321　硬壳桂　　*Cryptocarya chingii* Cheng

322　黄果厚壳桂　　*Cryptocarya concinna* Hance

323　丛花厚壳桂　　*Cryptocarya densiflora* Bl.

山胡椒属　　*Lindera* Thunb.

324　乌药　　*Lindera aggregata*（Sims）Kosterm.

325　小叶乌药　　*Lindera aggregata*（Sims）Kosterm. var. *playfairii*（Hemsl.）H. B. Cui

326　狭叶山胡椒　　*Lindera angustifolia* Cheng

327　鼎湖钓樟　　*Lindera chunii* Merr.

328　香叶树　　*Lindera communis* Hemsl.

329　绒毛钓樟　　*Lindera floribunda*（C. K. Allen）H. B. Cui

330	山胡椒	*Lindera glauca*（Siebold et Zucc.）Blume
331	黑壳楠	*Lindera megaphylla* Hemsl.
332	滇粤山胡椒	*Lindera metcalfiana* Allen
333	绒毛山胡椒	*Lindera nacusua*（D. Don）Merr.
334	香粉叶	*Lindera pulcherrima*（Nees）Hook. f. var. *attenuata* C. K. Allen
335	山橿	*Lindera reflexa* Hemsl.

木姜子属   *Litsea* Lam.

336	尖脉木姜子	*Litsea acutivena* Hayata
337	豹皮樟	*Litsea coreana* H. Lev. var. *sinensis*（Allen）Yang et P. H. Huang
338	山鸡椒	*Litsea cubeba*（Lour.）Pers.
339	黄丹木姜子	*Litsea elongata*（Wall. ex Nees）Benth. et Hook. f.
340	石木姜子	*Litsea elongata*（Nees）Hook. f. var. *faberi*（Hemsl.）Yen C. Yang et P. H. Huang
341	潺槁树	*Litsea glutinosa*（Lour.）C. B. Rob.
342	华南木姜子	*Litsea greenmaniana* Allen
343	狭叶华南木姜子	*Litsea greenmaniana* Allen var. *angustifolia* Yang. et Huang
344	红楠刨	*Litsea kwangsiensis* Yang et P. H. Huang
345	广东木姜子	*Litsea kwangtungensis* H. T. Chang
346	润楠叶木姜子	*Litsea machiloides* Yang et P. H. Huang
347	假柿木姜子	*Litsea monopetala*（Roxb.）Pers.
348	圆叶豺皮樟	*Litsea rotundifolia* Hemsl.
349	豺皮樟	*Litsea rotundifolia* Hemsl. var. *oblongifolia*（Nees）C. K. Allen
350	桂北木姜子	*Litsea subcoriacea* Yang et P. H. Huang
351	轮叶木姜子	*Litsea verticillata* Hance

润楠属   *Machilus* Nees

352	短序润楠	*Machilus breviflora*（Benth.）Hemsl.
353	浙江润楠	*Machilus chekiangensis* S. K. Lee
354	华润楠	*Machilus chinensis*（Champ. ex Benth.）Hemsl.
355	黄绒润楠	*Machilus grijsii* Hance
356	宜昌润楠	*Machilus ichangensis* Rehd. et Wils.
357	大叶楠	*Machilus kusanoi* Hayata
358	薄叶润楠	*Machilus leptophylla* Hand. -Mazz.
359	建润楠	*Machilus oreophila* Hance
360	刨花润楠	*Machilus pauhoi* Kaneh.
361	凤凰润楠	*Machilus phoenicis* Dunn

362	粗壮润楠	*Machilus robusta* W. W. Sm.
363	芳槁润楠	*Machilus suaveolens* S. K. Lee
364	红楠	*Machilus thunbergii* Sieb. et Zucc.
365	绒毛润楠	*Machilus velutina* Champ. ex Benth.

新木姜子属   *Neolitsea* Merr.

366	浙江新木姜子	*Neolitsea aurata*（Hayata）Koidz. var. *chekiangensis*（Nakai）Yen C. Yang et P. H. Huang
367	云和新木姜子	*Neolitsea aurata*（Hayata）Koidz. var. *paraciculata*（Nakai）Yen C. Yang et P. H. Huang
368	浙闽新木姜子	*Neolitsea aurata*（Hayata）Koidz. var. *undulatula* Yen C. Yang et P. H. Huang
369	香港新木姜子	*Neolitsea cambodiana* Lecomte var. *glabra* C. K. Allen
370	鸭公树	*Neolitsea chui* Merr.
371	簇叶新木姜子	*Neolitsea confertifiloia*（Hemsl.）Merr.
372	广西新木姜子	*Neolitsea kwangsiensis* Liu
373	大叶新木姜子	*Neolitsea levinei* Merr.
374	显脉新木姜子	*Neolitsea phanerophlebia* Merr.
375	南亚新木姜子	*Neolitsea zeylanica*（Nees）Merr.

鳄梨属   *Persea* Mill.

| ＊376 | 鳄梨 | *Persea Americana* Mill. |

楠属   *Phoebe* Nees

| 377 | 闽楠 | *Phoebe bournei*（Hemsl.）Yen C. Yang |
| 378 | 紫楠 | *Phoebe sheareri*（Hemsl.）Gamble |

檫木属   *Sassafras* Trew

| 379 | 檫木 | *Sassafras tzumu*（Hemsl.）Hemsl. |

（五十九）莲叶桐科   Hernandiaceae

青藤属   *Illigera* Bl.

| 380 | 小花青藤 | *Illigera parviflora* Dunn |
| 381 | 红花青藤 | *Illigera rhodantha* Hance |

（六十）毛茛科　Ranunculaceae

银莲花属　*Anemone* L.

382　秋牡丹　*Anemone hupehensis*（Lemoine）Lemoine var. *japonica*（Thunb.）Bowles et Stearn

铁线莲属　*Clematis* Linn.

383　小木通　*Clematis armandii* Franch.

384　短柱铁线莲　*Clematis cadmia* Buch. -Ham. ex Wall. Cat.

385　威灵仙　*Clematis chinensis* Osbeck

386　厚叶铁线莲　*Clematis crassifolia* Benth.

387　丝铁线莲　*Clematis filamentosa* Dunn

388　山木通　*Clematis finetiana* Levl. et Vant.

389　单叶铁线莲　*Clematis henryi* Oliv.

390　锈毛铁线莲　*Clematis leschenaultiana* DC.

391　毛柱铁线莲　*Clematis meyeniana* Walp.

392　柱果铁线莲　*Clematis uncinata* Champ.

黄连属　*Coptis* Salisb.

393　短萼黄连　*Coptis chinensis* Franch. var. *brevisepala* W. T. Wang et Hsiao.

毛茛属　*Ranunculus* Linn.

394　禺毛茛　*Ranunculus cantoniensis* DC.

395　茴茴蒜　*Ranunculus chinensis* Bunge.

396　毛茛　*Ranunculus japonicus* Thunb.

唐松草属　*Thalictrum* Linn.

397　尖叶唐松草　*Thalictrum acutifolium*（Hand. -Mazz.）Boivin

398　菲律宾唐松草　*Thalictrum philippinense* C. B. Rob.

399　深山唐松草　*Thalictrum tuberiferum* Maxim.

400　阴地唐松草　*Thalictrum umbricola* Ulbr.

（六十一）金鱼藻科　Ceratophyllaceae

金鱼藻属　*Ceratophyllum* L.

401　金鱼藻　*Ceratophyllum demersum* L.

（六十二）睡莲科　　Nymphaeaceae

莲属　　***Nelumbo* Adans.**

 402　莲　　*Nelumbo nucifera* Gaertn.

睡莲属　　***Nymphaea* L.**

 403　柔毛齿叶睡莲　　*Nymphaea lotus* L. var. *pubescens*（Willd.）Hook. f. & Thomson

 404　睡莲　　*Nymphaea tetragona* Georgi

（六十三）小檗科　　Berberidaceae

小檗属　　***Berberis* Linn.**

 405　豪猪刺　　*Berberis julianae* C. K. Schneid.

十大功劳属　　***Mahonia* Nutt.**

 406　阔叶十大功劳　　*Mahonia bealei*（Fort.）Carr.

 407　北江十大功劳　　*Mahonia fordii* C. K. Schneid.

 408　沈氏十大功劳　　*Mahonia shenii* Chun

南天竹属　　***Nandina* Thunb.**

 409　南天竹　　*Nandina domestica* Thunb.

（六十四）木通科　　Lardizabalaceae

木通属　　***Akebia* Decne.**

 410　木通　　*Akebia quinata* Decne.

 411　三叶木通　　*Akebia trifoliata*（Thunb.）Koidz.

八月瓜属　　***Holboellia* Wall.**

 412　五月瓜藤　　*Holboellia fargesii* Reaub.

野木瓜属　　***Stauntonia* DC.**

 413　野木瓜　　*Stauntonia chinensis* DC.

 414　显脉野木瓜　　*Stauntonia conspicua* R. H. Chang

 415　翅野木瓜　　*Stauntonia decora* Chun

 416　粉叶野木瓜　　*Stauntonia glauca* Merr. et Metc.

 417　钝药野木瓜　　*Stauntonia leucantha* Diels ex Y. C. Wu

 418　斑叶野木瓜　　*Stauntonia maculata* Merr.

419	倒卵叶野木瓜	*Stauntonia obovata* Hemsl.
420	五指那藤	*Stauntonia obovatifoliola* Hayata subsp. *intermedia*（C. Y. Wu）T. Chen
421	尾叶那藤	*Stauntonia obovatifoliola* Hayata subsp. *urophylla*（Hand. -Mazz.）H. N. Qin
422	三脉野木瓜	*Stauntonia trinervia* Merr.

（六十五）大血藤科　Sargentodoxaceae

大血藤属　*Sargentodoxa* Rehd. et Wils.

| 423 | 大血藤 | *Sargentodoxa cuneata*（Oliv.）Rehd. et Wils. |

（六十六）防己科　Menispermaceae

木防己属　*Cocculus* DC.

| 424 | 木防己 | *Cocculus orbiculatus*（Linn.）DC. |

轮环藤属　*Cyclea* Arn. ex Wight.

425	粉叶轮环藤	*Cyclea hypoglauca*（Schauer）Diels
426	轮环藤	*Cyclea racemosa* Oliv.
427	四川轮环藤	*Cyclea sutchuenensis* Gagnep.

秤钩风属　*Diploclisia* Miers

| 428 | 秤钩风 | *Diploclisia affinis*（Oliv.）Diels |

夜花藤属　*Hypserpa* Miers

| 429 | 夜花藤 | *Hypserpa nitida* Miers |

粉绿藤属　*Pachygone* Miers

| 430 | 粉绿藤 | *Pachygone sinica* Diels |

细圆藤属　*Pericampylus* Miers

| 431 | 细圆藤 | *Pericampylus glaucus*（Lam.）Merr. |

千金藤属　*Stephania* Lour.

| 432 | 金线吊乌龟 | *Stephania cepharantha* Hayata |
| 433 | 粪箕笃 | *Stephania longa* Lour. |

青牛胆属　*Tinospora* Miers

| 434 | 中华青牛胆 | *Tinospora sinensis*（Lour.）Merr. |

（六十七）马兜铃科　Aristolochiaceae

马兜铃属　*Aristolochia* Linn.

435　广防己　*Aristolochia fangchi* Y. C. Wu ex L. D. Chow et Hwang

436　大叶马兜铃　*Aristolochia kaempferi* Willd.

437　广西马兜铃　*Aristolochia kwangsiensis* Chun et How ex C. F. Liang

438　管花马兜铃　*Aristolochia tubiflora* Dunn

细辛属　*Asarum* Linn.

439　尾花细辛　*Asarum caudigerum* Hance

440　小叶马蹄香　*Asarum ichangense* C. Y. Cheng et C. S. Yang

441　大花细辛　*Asarum macranthum* Hook. f.

442　大叶马蹄香　*Asarum maximum* Hemsl.

（六十八）胡椒科　Piperaceae

草胡椒属　*Peperomia* Ruiz et Pavon

443　石蝉草　*Peperomia dindygulensis* Miq.

444　草胡椒　*Peperomia pellucida*（L.）Kunth

胡椒属　*Piper* Linn.

445　华南胡椒　*Piper austrosinense* Tseng

446　腺脉蒟　*Piper bavinum* C. DC.

447　蒌叶　*Piper betle* L.

448　山蒟　*Piper hancei* Maxim.

449　大叶蒟　*Piper laetispicum* C. DC.

450　毛蒟　*Piper puberulum*（Benth.）Maxim.

451　假蒟　*Piper sarmentosum* Roxb.

（六十九）三白草科　Saururaceae

蕺菜属　*Houttuynia* Thunb.

452　蕺菜　*Houttuynia cordata* Thunb.

三白草属　*Saururus* Linn.

453　三白草　*Saururus chinensis*（Lour.）Baill.

（七十）金粟兰科　　　Chloranthaceae

金粟兰属　　　　　　*Chloranthus* Swartz

　454　宽叶金粟兰　　　*Chloranthus henryi* Hemsl.

　455　银线草　　　　　*Chloranthus japonicus* Sieb.

　456　及己　　　　　　*Chloranthus serratus*（Thunb.）Roem. et Schult.

　457　四川金粟兰　　　*Chloranthus sessilifolius* K. F. Wu

草珊瑚属　　　　　　*Sarcandra* Gardn.

　458　草珊瑚　　　　　*Sarcandra glabra*（Thunb.）Nakai

（七十一）紫堇科　　　Fumariaceae

紫堇属　　　　　　　*Corydalis* DC.

　459　北越黄堇　　　　*Corydalis balansae* Prain

　460　紫堇　　　　　　*Corydalis edulis* Maxim.

　461　黄堇　　　　　　*Corydalis pallida* Pers.

　462　小花黄堇　　　　*Corydalis racemosa*（Thunb.）Pers.

（七十二）白花菜科　　Capparidaceae

槌果藤属　　　　　　*Capparis* Linn.

　463　尖叶槌果藤　　　*Capparis acutifolia* Sweet

　464　广州槌果藤　　　*Capparis cantoniensis* Lour.

白花菜属　　　　　　*Cleome* Linn.

　465　白花菜　　　　　*Cleome gynandra* L.

＊466　醉蝶花　　　　　*Cleome spinosa* L.

（七十三）辣木科　　　Moringaceae

辣木属　　　　　　　*Moringa* Adans.

＊467　辣木　　　　　　*Moringa oleifera* Lam.

（七十四）十字花科 　　Cruciferae

芸苔属 　　*Brassica* Linn.

　*468　芥蓝　　*Brassica alboglabra* Bailey

　*469　芸苔　　*Brassica campestris* L.

　*470　擘蓝　　*Brassica caulorapa*（DC.）Pasq.

　*471　青菜　　*Brassica chinensis* Linn.

　*472　芥菜　　*Brassica juncea*（Linn.）Czern. et Coss.

　*473　羽衣甘蓝　　*Brassica oleracea* L. var. *acephala* Hort.

　*474　菜苔　　*Brassica parachinensis* L. H. Bailey

　*475　白菜　　*Brassica pekinensis* Rupr.

碎米荠属 　　*Cardamine* L.

　476　弯曲碎米荠　　*Cardamine flexuosa* With.

　477　碎米荠　　*Cardamine hirsuta* L.

荠属 　　*Capsella* Medic.

　478　荠　　*Capsella bursa-pastoris*（Linn.）Medic.

臭荠属 　　*Coronopus* J. G. Zinn nom. cons.

　479　臭荠　　*Coronopus didymus*（L.）Sm.

独行菜属 　　*Lepidium* Linn.

　480　柱毛独行菜　　*Lepidium ruderale* L.

　481　北美独行菜　　*Lepidium virginicum* L.

豆瓣菜属 　　*Nasturtium* R. Br.

　482　豆瓣菜　　*Nasturtium officinale* R. Br.

萝卜属 　　*Raphanus* L.

　*483　萝卜　　*Raphanus sativus* L.

　*484　长羽裂萝卜　　*Raphanus sativus* L. var. *longipinnatus* L. H. Bailey

蔊菜属 　　*Rorippa* Scop.

　*485　无瓣蔊菜　　*Rorippa dubia*（Pers.）Hara

　486　蔊菜　　*Rorippa indica*（L.）Hiern.

（七十五）堇菜科 　　Violaceae

堇菜属 　　*Viola* Linn.

　487　戟叶堇菜　　*Viola betonicifolia* Sm.

488	七星莲	*Viola diffusa* Ging.
489	紫花堇菜	*Viola grypoceras* A. Gr.
490	光叶堇菜	*Viola hossei* W. Beck.
491	长萼堇菜	*Viola inconspicua* Bl.
492	小尖堇菜	*Viola mucronulifera* Hand. -Mazz.
493	柔毛堇菜	*Viola principis* H. de Boiss.
494	浅圆齿堇菜	*Viola schneideri* W. Beck.
495	三色堇	*Viola tricolor* L.
496	堇菜	*Viola verecunda* A. Gray

（七十六）远志科　　Polygalaceae

远志属　　*Polygala* Linn.

497	小花远志	*Polygala arvensis* Willd.
498	黄花倒水莲	*Polygala fallax* Hemsl.
499	华南远志	*Polygala glomerata* Lour.
500	香港远志	*Polygala hongkongensis* Hemsl. ex Forb. et Hemsl.
501	狭叶香港远志	*Polygala hongkongensis* Hemsl. var. *stenophylla*（Hayata）Migo
502	瓜子金	*Polygala japonica* Houtt.
503	大叶金牛	*Polygala latouchei* Franch.
504	西伯利亚远志	*Polygala sibirica* Linn.
505	远志	*Polygala tenuifolia* Willd.

齿果草属　　*Salomonia* Lour.

| 506 | 齿果草 | *Salomonia cantoniensis* Lour. |

（七十七）景天科　　Crassulaceae

落地生根属　　*Bryophyllum* Salisb.

| *507 | 落地生根 | *Bryophyllum pinnatum*（Linn. f.）Oken |
| 508 | 棒叶落地生根 | *Bryophyllum tubiflorum* Harv. |

景天属　　*Sedum* Linn.

509	东南景天	*Sedum alfredii* Hance
510	珠芽景天	*Sedum bulbiferum* Makino
511	大叶火焰草	*Sedum drymarioides* Hance

512	佛甲草	*Sedum lineare* Thunb.
513	垂盆草	*Sedum sarmentosum* Bunge
514	火焰草	*Sedum stellariifolium* Franch.

（七十八）虎耳草科　Saxifragaceae

梅花草属　***Parnassia* Linn.**

| 515 | 鸡眼梅花草 | *Parnassia wightiana* Wall. ex Wight et Arn. |

虎耳草属　***Saxifraga* Linn.**

| 516 | 虎耳草 | *Saxifraga stolonifera* Curtis |

（七十九）茅膏菜科　Droseraceae

茅膏菜属　***Drosera* L.**

517	锦地罗	*Drosera burmannii* Vahl
518	茅膏菜	*Drosera peltata* Sm. ex Willd.
519	光萼茅膏菜	*Drosera peltata* Sm. ex Willd. var. *glabrata* Y. Z. Ruan
520	叉梗茅膏菜	*Drosera rotundifolia* L. var. *furcata* Y. Z. Ruan

（八十）石竹科　Caryophyllaceae

石竹属　***Dianthus* L.**

| *521 | 石竹 | *Dianthus chinensis* L. |

荷莲豆草属　***Drymaria* Willd. ex Roem. et Schult.**

| 522 | 荷莲豆草 | *Drymaria diandra* Blume |

鹅肠菜属　***Malachium* Moench**

| 523 | 鹅肠菜 | *Myosoton aquaticum*（L.）Moench |

繁缕属　***Stellaria* Linn.**

| 524 | 繁缕 | *Stellaria media*（L.）Cirillo |
| 525 | 雀舌草 | *Stellaria uliginosa* Murray |

（八十一）粟米草科　Molluginaceae

粟米草属　*Mollugo* Linn.

　　526　粟米草　*Mollugo stricta* Linn.

（八十二）马齿苋科　Portulacaceae

马齿苋属　*Portulaca* Linn

　　527　马齿苋　*Portulaca oleracea* L.

土人参属　*Talinum* Adans.

　　528　土人参　*Talinum paniculatum*（Jacq.）Gaertn.

（八十三）蓼科　Polygonaceae

金线草属　*Antenoron* Rafin.

　　529　短毛金线草　*Antenoron neofiliforme*（Nakai）H. Hara

荞麦属　*Fagopyrum* Mill.

　　530　苦荞麦　*Fagopyrum tataricum*（L.）Gaertn.

何首乌属　*Fallopia* Adans.

　　531　何首乌　*Fallopia multiflora*（Thunb.）Haraldson

竹节蓼属　*Homalocladium*

　　532　竹节蓼　*Homalocladium platycladum*（F. Muell.）Bailey

蓼属　*Polygonum* Linn.

　　533　萹蓄　*Polygonum aviculare* L.

　　534　毛蓼　*Polygonum barbatum* L.

　　535　丛枝蓼　*Polygonum caespitosum* Bl.

　　536　头花蓼　*Polygonum capitatum* Buch. -Ham. ex D. Don

　　537　火炭母　*Polygonum chinense* L.

　　538　大箭叶蓼　*Polygonum darrisii* H. Lév.

　　539　长箭叶蓼　*Polygonum hastatosagittatum* Makino

　　540　水蓼　*Polygonum hydropiper* L.

　　541　短毛蓼　*Polygonum hydropiper* L. var. *flacadum* M.

　　542　愉悦蓼　*Polygonum jucundum* Meisn.

543	酸模叶蓼	*Polygonum lapathifolium* L.
544	小蓼	*Polygonum minus* Huds.
545	小蓼花	*Polygonum muricatum* Meisn.
546	尼泊尔蓼	*Polygonum nepalense* Meisn.
547	红蓼	*Polygonum orientale* L.
548	杠板归	*Polygonum perfoliatum* L.
549	习见蓼	*Polygonum plebeium* R. Br.
550	伏毛蓼	*Polygonum pubescens* Blume
551	箭叶蓼	*Polygonum sieboldii* Meisn.
552	柔茎蓼	*Polygonum tenellum* H. Lév. var. *micranthum*（Meisn.）C. Y. Wu
553	戟叶蓼	*Polygonum thunbergii* Siebold et Zucc.
554	香蓼	*Polygonum viscosum* Buch. -Ham.

虎杖属　　　　*Reynoutria* Houtt.

555	虎杖	*Reynoutria japonica* Houtt.

酸模属　　　　*Rumex* Linn.

556	刺酸模	*Rumex maritimus* L.
557	长刺酸模	*Rumex trisetifer* Stokes

（八十四）商陆科　　　Phytolaccaceae

商陆属　　　　*Phytolacca* Linn.

558	商陆	*Phytolacca acinosa* Roxb.
559	垂序商陆	*Phytolacca americana* L.

（八十五）藜科　　　Chenopodiaceae

藜属　　　　*Chenopodium* Linn.

560	藜	*Chenopodium album* L.
561	土荆芥	*Chenopodium ambrosioides* L.
562	小藜	*Chenopodium serotinum* L.

（八十六）苋科　　　　Amaranthaceae

牛膝属　　　　***Achyranthes* Linn.**

563　土牛膝　　　*Achyranthes aspera* Linn.

564　牛膝　　　　*Achyranthes bidentata* Blume

565　柳叶牛膝　　*Achyranthes longifolia* Makino

莲子草属　　　***Alternanthera* Forsk.**

＊566　锦绣苋　　*Alternanthera bettzickiana*（Regel）Nichols.

567　喜旱莲子草　*Alternanthera philoxeroides*（Mart.）Griseb.

568　莲子草　　　*Alternanthera sessilis*（Linn.）DC

苋属　　　　　***Amaranthus* Linn.**

569　凹头苋　　　*Amaranthus lividus* L.

570　刺苋　　　　*Amaranthus spinosus* L.

＊571　苋　　　　*Amaranthus tricolor* L.

572　皱果苋　　　*Amaranthus viridis* L.

青葙属　　　　***Celosia* Linn.**

573　青葙　　　　*Celosia argentea* L.

＊574　鸡冠花　　*Celosia cristata* L.

杯苋属　　　　***Cyathula* Blume**

575　杯苋　　　　*Cyathula prostrata*（L.）Blume

千日红属　　　***Gomphrena* Linn.**

＊576　千日红　　*Gomphrena globosa* L.

（八十七）落葵科　　Basellaceae

落葵属　　　　***Basella* Linn.**

577　落葵　　　　*Basella alba* L.

（八十八）牻牛儿苗科　Geraniaceae

天竺葵属　　　***Pelargonium* L Her.**

＊578　天竺葵　　*Pelargonium hortorum* L. H. Bailey

（八十九）酢浆草科　　　Oxalidaceae

阳桃属　　　　　　　　　***Averrhoa* L.**
* 579　阳桃　　　　　　*Averrhoa carambola* L.

酢浆草属　　　　　　***Oxalis* L.**
　580　酢浆草　　　　　*Oxalis corniculata* L.
　581　红花酢浆草　　　*Oxalis corymbosa* DC.

（九十）旱金莲科　　　Tropaeolaceae

旱金莲属　　　　　　***Tropaeolum* L.**
* 582　旱金莲　　　　　*Tropaeolum majus* L.

（九十一）凤仙花科　　　Balsaminaceae

凤仙花属　　　　　　***Impatiens* Linn.**
* 583　凤仙花　　　　　*Impatiens balsamina* L.
　584　华凤仙　　　　　*Impatiens chinensis* L.
　585　白花凤仙花　　　*Impatiens wilsonii* Hook. f.

（九十二）千屈菜科　　　Lythraceae

水苋菜属　　　　　　***Ammannia* Linn.**
　586　耳基水苋　　　　*Ammannia arenaria* Kunth
　587　水苋菜　　　　　*Ammannia baccifera* L.

萼距花属　　　　　　***Cuphea* Adans. ex P. Br.**
　588　香膏萼距花　　　*Cuphea alsamona* Cham. et Schltdl.
* 589　萼距花　　　　　*Cuphea hookeriana* Walp.

紫薇属　　　　　　　***Lagerstroemia* Linn.**
　590　尾叶紫薇　　　　*Lagerstroemia caudate* Chun et How ex S. Lee et L. Lau
* 591　紫薇　　　　　　*Lagerstroemia indica* L.
* 592　大花紫薇　　　　*Lagerstroemia speciosa*（L.）Pers.
　593　南紫薇　　　　　*Lagerstroemia subcostata* Koehne

散沫花属   *Lawsonia* Linn.

* 594 散沫花   *Lawsonia inermis* L.

节节菜属   *Rotala* Linn.

595 密花节节菜   *Rotala densiflora*（Roth）Koehne

596 节节菜   *Rotala indica*（Willd.）Koehne

597 圆叶节节菜   *Rotala rotundifolia*（Buch. -Ham）Koehne

（九十三）石榴科   Punicaceae

石榴属   *Punica* Linn.

* 598 石榴   *Punica granatum* L.

* 599 千瓣红石榴   *Punica granatum* L. var. *pleniflora* Hayne.

（九十四）柳叶菜科   Onagraceae

倒挂金钟属   *Fuchsia* L.

600 倒挂金钟   *Fuchsia hybrida* Hort. ex Siebert et Voss

丁香蓼属   *Ludwigia* Linn.

601 水龙   *Ludwigia adscendens*（L.）H. Hara

602 草龙   *Ludwigia hyssopifolia*（G. Don）Exell

603 毛草龙   *Ludwigia octovalvis*（Jacq.）P. H. Raven

604 丁香蓼   *Ludwigia prostrata* Roxb.

（九十五）小二仙草科   Haloragidaceae

小二仙草属   *Haloragis* J. R. et G. Forst.

605 黄花小二仙草   *Haloragis chinensis*（Lour.）Merr.

606 小二仙草   *Haloragis micrantha*（Thunb.）R. Br.

狐尾藻属   *Myriophyllum* L.

607 穗状狐尾藻   *Myriophyllum spicatum* L.

608 狐尾藻   *Myriophyllum verticillatum* L.

（九十六）瑞香科　　Thymelaeaceae

沉香属　　*Aquilaria* Lam.

　*609　土沉香　　*Aquilaria sinensis*（Lour.）Spreng.

瑞香属　　*Daphne* Linn.

　610　长柱瑞香　　*Daphne championii* Benth.

　611　荛花　　*Daphne genkwa* Sieb. et Zucc.

　612　毛瑞香　　*Daphne kiusiana* var. *atrocaulis*（Rehd.）F. Maekawa

　613　白瑞香　　*Daphne papyracea* Wall. ex Steud.

荛花属　　*Wikstroemia* Endl.

　614　了哥王　　*Wikstroemia indica*（Linn.）C. A. Mey.

　615　北江荛花　　*Wikstroemia monnula* Hance

　616　细轴荛花　　*Wikstroemia nutans* Champ.

（九十七）紫茉莉科　　Nyctaginaceae

叶子花属　　*Bougainvillea* Comm. ex Juss.

　*617　光叶子花　　*Bougainvillea glabra* Choisy

　*618　叶子花　　*Bougainvillea spectabilis* Willd.

紫茉莉属　　*Mirabilis* Linn.

　*619　紫茉莉　　*Mirabilis jalapa* L.

（九十八）山龙眼科　　Proteaceae

银桦属　　*Grevillea* R. Br.

　*620　银桦　　*Grevillea robusta* A. Cunn. ex R. Br.

山龙眼属　　*Helicia* Lour.

　621　小果山龙眼　　*Helicia cochinchinensis* Lour.

　622　广东山龙眼　　*Helicia kwangtungensis* W. T. Wang

　623　网脉山龙眼　　*Helicia reticulata* W. T. Wang

（九十九）五桠果科　Dilleniaceae

锡叶藤属　*Tetracera* Linn.

624　锡叶藤　*Tetracera asiatica*（Lour.）Hoogl.

（一〇〇）海桐花科　Pittosporaceae

海桐花属　*Pittosporum* Banks ex Gaertn.

625　光叶海桐　*Pittosporum glabratum* Lindl.

626　少花海桐　*Pittosporum pauciflorum* Hook. et Arn.

＊627　台琼海桐　*Pittosporum pentandrum* Merr. var. *hainanense*（Gagnep.）Li

＊628　海桐　*Pittosporum tobira*（Thunb.）Ait.

（一〇一）红木科　Bixaceae

红木属　*Bixa* Linn.

＊629　红木　*Bixa orellana* L.

（一〇二）大风子科　Flacourtiaceae

山桐子属　*Idesia* Maxim.

630　山桐子　*Idesia polycarpa* Maxim.

箣柊属　*Scolopia* Schreb.

631　广东箣柊　*Scolopia saeva*（Hance）Hance

柞木属　*Xylosma* G. Forster

632　长叶柞木　*Xylosma longifolium* Clos

633　柞木　*Xylosma racemosa*（Sieb. et Zucc.）Miq.

（一〇三）天料木科　Samydaceae

嘉赐树属　*Casearia* Jacq.

634　毛叶嘉赐树　*Casearia balansae* Gagnep.

635　嘉赐树　*Casearia glomerata* Roxb.

天料木属	**Homalium** Jacq.
636　天料木	*Homalium cochinchinense*（Lour.）Druce

西番莲属	**Passiflora** Linn.
＊637　鸡蛋果	*Passiflora edulis* Sims

冬瓜属	**Benincasa** Savi.
＊638　冬瓜	*Benincasa hispida*（Thunb.）Cogn.
＊639　节瓜	*Benincasa hispida* Cogn. var. *chieh-qua* How
西瓜属	**Citrullus** Schrad.
＊640　西瓜	*Citrullus lanatus*（Thunb.）Mansfeld.
黄瓜属	**Cucumis** Linn.
＊641　菜瓜	*Cucumis melo* L. var. *conomon*（Thunb.）Makino
＊642　黄瓜	*Cucumis sativus* Linn.
南瓜属	**Cucurbita** Linn.
＊643　南瓜	*Cucurbita moschata*（Duch. ex Lam.）Duch. ex Poir.
金瓜属	**Gymnopetalum** Arn.
644　金瓜	*Gymnopetalum chinense*（Lour.）Kurz
绞股蓝属	**Gynostemma** Bl.
645　绞股蓝	*Gynostemma pentaphyllum*（Thunb.）Makino
葫芦属	**Lagenaria** Ser.
＊646　葫芦	*Lagenaria siceraria*（Molina）Standl.
丝瓜属	**Luffa** Mill.
＊647　广东丝瓜	*Luffa acutangula*（Linn.）Roxb.
＊648　丝瓜	*Luffa cylindrica*（Linn.）Roem.
苦瓜属	**Momordica** Linn.
＊649　苦瓜	*Momordica charantia* Linn.
650　木鳖子	*Momordica cochinchinensis*（Lour.）Spreng.

帽儿瓜属	*Mukia* Arn.	
651	爪哇帽儿瓜	*Mukia javanica*（Miq.）C. Jeffrey
652	帽儿瓜	*Mukia maderaspatana*（Linn.）M. J. Roem.
佛手瓜属	*Sechium* P. Browne	
653	佛手瓜	*Sechium edule*（Jacq.）Swartz.
罗汉果属	*Siraitia* Merr.	
654	罗汉果	*Siraitia grosvenorii*（Swingle）C. Jeffrey ex A. M. Lu et Zhi Y. Zhang
茅瓜属	*Solena* Lour.	
*655	茅瓜	*Solena amplexicaulis*（Lam.）Gandhi
赤飑属	*Thladiantha* Bunge	
656	大苞赤飑	*Thladiantha cordifolia*（Blume）Cogn.
657	五叶赤飑	*Thladiantha hookeri* C. B. Clarke var. *pentadactyla*（Cogn.）A. M. Lu et Zhi Y. Zhang
658	长叶赤飑	*Thladiantha longifolia* Cogn. ex Oliv.
栝楼属	*Trichosanthes* Linn.	
659	蛇瓜	*Trichosanthes anguina* Linn.
660	王瓜	*Trichosanthes cucumeroides*（Ser.）Maxim.
661	栝楼	*Trichosanthes kirilowii* Maxim.
662	全缘栝楼	*Trichosanthes ovigera* Blume
663	趾叶栝楼	*Trichosanthes pedata* Merr. et Chun
664	中华栝楼	*Trichosanthes rosthornii* Harms
665	多卷须栝楼	*Trichosanthes rosthornii* Harms var. *multicirrata*（C. Y. Cheng et C. H. Yueh）S. K. Chen
马㼎儿属	*Zehneria* Endl.	
666	马㼎儿	*Zehneria indica*（Lour.）Keraudren
667	钮子瓜	*Zehneria maysorensis*（Wight et Arn.）Arn.

（一〇六）秋海棠科　Begoniaceae

秋海棠属	*Begonia* Linn.	
668	粗喙秋海棠	*Begonia crassirostris* Irmsch.
669	槭叶秋海棠	*Begonia digyna* Irmsch.
670	紫背天葵	*Begonia fimbristipula* Hance

*671 斑叶竹节秋海棠　　*Begonia maculata* Raddi.

672 裂叶秋海棠　　*Begonia palmata* D. Don

*673 四季海棠　　*Begonia semperflorens* Link et Otto

（一〇七）番木瓜科　Caricaceae

番木瓜属　*Carica* L.

*674 番木瓜　　*Carica papaya* L.

（一〇八）仙人掌科　Cactaceae

昙花属　*Epiphyllum* Haw.

*675 昙花　　*Epiphyllum oxypetalum* Haw.

量天尺属　*Hylocereus* (Berger) Britt. et Rose

*676 量天尺　　*Hylocereus undatus* (Haw.) Britt. et Rose

仙人掌属　*Opuntia* Mill.

*677 仙人掌　　*Opuntia stricta* (Haw.) Haw. var. *dillenii* (Ker-Gawl.) Benson

木麒麟属　*Pereskia* Mill.

*678 木麒麟　　*Pereskia aculeata* Mill.

蟹爪兰属　*Schlumlergera* Lem.

*679 蟹爪兰　　*Schlumlergera truncates* (Haw.) Moran

（一〇九）山茶科　Theaceae

杨桐属　*Adinandra* Jack

680 尖叶杨桐　　*Adinandra bockiana* E. Pritz. ex Diels var. *acutifolia* (Hand. -Mazz.) Kobuski

681 两广杨桐　　*Adinandra glischroloma* Hand. -Mazz.

682 大萼杨桐　　*Adinandra glischroloma* Hand. -Mazz. var. *macrosepala* (F. P. Metcalf) Kobuski

683 杨桐　　*Adinandra millettii* (Hook. et Arn.) Benth. et Hook. f. ex Hance

| 684 | 亮叶杨桐 | *Adinandra nitida* Merr. ex Li. |

茶梨属   ***Anneslea* Wall.**

| 685 | 茶梨 | *Anneslea fragrans* Wall. |

山茶属   ***Camellia* Linn.**

686	香港毛蕊茶	*Camellia assimilis* Champ. ex Benth.
687	长尾毛蕊茶	*Camellia caudata* Wall.
688	心叶毛蕊茶	*Camellia cordifolia*（Metc.）Nakai
689	杯萼毛蕊茶	*Camellia cratera* H. T. Chang
690	尖连蕊茶	*Camellia cuspidata*（Kochs）H. J. Veitch
691	尖萼红山茶	*Camellia edithae* Hance
692	柃叶连蕊茶	*Camellia euryoides* Lindl.
693	糙果茶	*Camellia furfuracea*（Merr.）Cohen-Stuart
694	大苞山茶	*Camellia granthamiana* Sealy
*695	山茶	*Camellia japonica* L.
696	披针叶连蕊茶	*Camellia lancilimba* Hung T. Chang
697	微花连蕊茶	*Camellia minutiflora* H. T. Chang
698	油茶	*Camellia oleifera* Abel
699	细尖连蕊茶	*Camellia parvicuspidata* H. T. Chang
700	小石果连蕊茶	*Camellia parvilapidea* H. T. Chang
701	细叶连蕊茶	*Camellia parvilimba* Merr. et F. P. Metcalf
702	柳叶毛蕊茶	*Camellia salicifolia* Champ. ex Benth.
*703	茶梅	*Camellia sasanqua* Thunb.
704	南山茶	*Camellia semiserrata* C. W. Chi
705	茶	*Camellia sinensis*（L.）Kuntze

红淡比属   ***Cleyera* Thunb.**

706	红淡比	*Cleyera japonica* Thunb.
707	厚叶红淡比	*Cleyera pachyphylla* Chun ex Hung T. Chang
708	小叶红淡比	*Cleyera parvifolia*（Kobuski）Hu ex L. K. Ling

柃木属   ***Eurya* Thunb.**

709	尾尖叶柃	*Eurya acuminata* DC.
710	翅柃	*Eurya alata* Kobuski
711	穿心柃	*Eurya amplexifolia* Dunn
712	耳叶柃	*Eurya auriformis* H. T. Chang
713	短柱柃	*Eurya brevistyla* Kobuski
714	米碎花	*Eurya chinensis* R. Br.

715	华南毛柃	*Eurya ciliata* Merr.
716	二列叶柃	*Eurya distichophylla* Hemsl.
717	偏心毛柃	*Eurya distichophylla* F. B. Forbes et Hemsl. form. *asymmetrica* Hung T. Chang
718	腺柃	*Eurya glandulosa* Merr.
719	楔基腺柃	*Eurya glandulosa* Merr. var. *cuneiformis* Hung T. Chang
720	粗枝腺柃	*Eurya glandulosa* Merr. var. *dasyclados*（Kobuski）Hung T. Chang
721	岗柃	*Eurya groffii* Merr.
722	微毛柃	*Eurya hebeclados* Ling
723	凹脉柃	*Eurya impressinervis* Kobuski
724	柃木	*Eurya japonica* Thunb.
725	细枝柃	*Eurya loquaiana* Dunn
726	黑柃	*Eurya macartneyi* Champ.
727	格药柃	*Eurya muricata* Dunn
728	细齿叶柃	*Eurya nitida* Korth.
729	长毛柃	*Eurya patentipila* Chun
730	窄基红褐柃	*Eurya rubiginosa* var. *attenuata* Chang
731	毛岩柃	*Eurya saxicola* H. T. Chang form. *puberula* Hung T. Chang
732	长尾窄叶柃	*Eurya stenophylla* Merr. var. *caudate* H. T. Chang
733	毛果柃	*Eurya trichocarpa* Korth.

大头茶属　　*Gordonia* Ellis

734	大头茶	*Gordonia axillaris*（Roxb.）Dietrich

折柄茶属　　*Hartia* Dunn

735	小花折柄茶	*Hartia micrantha* Chun
736	毛折柄茶	*Hartia villosa*（Merr.）Merr.

木荷属　　*Schima* Reinw. ex Bl.

737	银木荷	*Schima argentea* E. Pritz. ex Diels
738	尖齿毛木荷	*Schima khasiana* Dyer var. *sericans* Hand.-Mazz.
739	疏齿木荷	*Schima remotiserrata* Chang
740	木荷	*Schima superba* Gardh. et Champ.

厚皮香属　　*Ternstroemia* Mutis ex Linn. f.

741	厚皮香	*Ternstroemia gymnanthera*（Wight. et Arn.）Sprague.
742	厚叶厚皮香	*Ternstroemia kwangtungensis* Merr.
743	尖萼厚皮香	*Ternstroemia luteoflora* L. K. Ling
744	小叶厚皮香	*Ternstroemia microphylla* Merr.

745 亮叶厚皮香 　*Ternstroemia nitida* Merr.

石笔木属 　*Tutcheria* Dunn

746 短果石笔木 　*Tutcheria brachycarpa* Hung T. Chang

747 石笔木 　*Tutcheria championi* Nakai

748 长柄石笔木 　*Tutcheria greeniae* Chun

749 小果石笔木 　*Tutcheria microcarpa* Dunn

750 锥果石笔木 　*Tutcheria symplocifolia* Merr. et F. P. Metcalf

（一一○）五列木科 　Pentaphylacaceae

五列木属 　*Pentaphylax* Gardn. et Champ.

751 五列木 　*Pentaphylax euryoides* Gardn. et Champ.

（一一一）猕猴桃科 　Actinidiaceae

猕猴桃属 　*Actinidia* Lindl

752 硬齿猕猴桃 　*Actinidia callosa* Lindl.

753 异色猕猴桃 　*Actinidia callosa* Lindl. var. *discolor* C. F. Liang

754 中华猕猴桃 　*Actinidia chinensis* Planch.

755 灰毛猕猴桃 　*Actinidia cinerascens* C. F. Liang

756 菲叶猕猴桃 　*Actinidia cinerascens* C. F. Liang var. *tenuifolia* C. F. Liang

757 毛花猕猴桃 　*Actinidia eriantha* Benth.

758 黄毛猕猴桃 　*Actinidia fulvicoma* Hance

759 绵毛猕猴桃 　*Actinidia fulvicoma* Hance var. *lanata* （Hemsl.） C. F. Liang

760 厚叶猕猴桃 　*Actinidia fulvicoma* Hance var. *pachyphylla* （Dunn） H. L. Li

761 华南猕猴桃 　*Actinidia glaucophylla* F. Chun

762 小叶猕猴桃 　*Actinidia lanceolata* Dunn

763 阔叶猕猴桃 　*Actinidia latifolia* （Gaedn. et Champ.） Merr.

764 美丽猕猴桃 　*Actinidia melliana* Hand. -Mazz.

（一一二）水东哥科 　Saurauiaceae

水东哥属 　*Saurauia* Willd.

765 水东哥 　*Saurauia tristyla* DC.

岗松属	**Baeckea** Linn.
766　岗松	*Baeckea frutescens* L.

红千层属	**Callistemon** R. Br.
*767　红千层	*Callistemon rigidus* R. Br.
*768　柳叶红千层	*Callistemon salignus* DC.

桉属	**Eucalyptus** L. Herit
*769　赤桉	*Eucalyptus camaldulensis* Dehnh.
*770　柠檬桉	*Eucalyptus citriodora* Hook. f.
*771　窿缘桉	*Eucalyptus exserta* F. V. Muell.
*772　直杆蓝桉	*Eucalyptus maideni* F. Muell.
*773　桉	*Eucalyptus robusta* Smith
*774　细叶桉	*Eucalyptus tereticornis* Smith

番樱桃属	**Eugenia** Linn.
*775　红果仔	*Eugenia uniflora* L.

白千层属	**Melaleuca** Linn.
*776　黄金串钱柳	*Melaleuca bracteata* F. Muell.
*777　白千层	*Melaleuca leucadendron* L.

番石榴属	**Psidium** Linn.
*778　番石榴	*Psidium guajava* Linn.

桃金娘属	**Rhodomyrtus**（DC.）Reich.
779　桃金娘	*Rhodomyrtus tomentosa*（Ait.）Hassk.

蒲桃属	**Syzygium** Gaertn.
780　华南蒲桃	*Syzygium austrosinense* Chang et Miau
781　赤楠	*Syzygium buxifolium* Hook. et Arn.
782　子凌蒲桃	*Syzygium championii*（Benth.）Merr. et Perry
*783　乌墨	*Syzygium cumini*（L.）Skeels
784　卫矛叶蒲桃	*Syzygium euonymifolium*（Metcalf.）Merr. et Perry
785　轮叶蒲桃	*Syzygium grijsii*（Hance）Merr. et Perry
786　红鳞蒲桃	*Syzygium hancei* Merr. et L. M. Perry
*787　蒲桃	*Syzygium jambos*（L.）Alston
788　山蒲桃	*Syzygium levinei*（Merr.）Merr. et Perry

| 789 | 红枝蒲桃 | *Syzygium rehderianum* Merr. et Perry |
| *790 | 洋蒲桃 | *Syzygium samarangense* Merr. et Perry |

（一一四）野牡丹科　　Melastomataceae

棱果花属　　***Barthea*** Hook. f.

791　棱果花　　*Barthea barthei*（Hance ex Benth.）Krass.

柏拉木属　　***Blastus*** Lour.

792	线萼金花树	*Blastus apricus*（Hand. et Mazz.）H. L. Li
793	柏拉木	*Blastus cochinchinensis* Lour.
794	金花树	*Blastus dunnianus* Levl.
795	少花柏拉木	*Blastus pauciflorus*（Benth.）Guillaum.

野海棠属　　***Bredia*** Blume

796　鸭脚茶　　*Bredia sinensis*（Diels）H. L. Li

异药花属　　***Fordiophyton*** Stapf

| 797 | 异药花 | *Fordiophyton faberi* Stapf |
| 798 | 肥肉草 | *Fordiophyton fordii*（Oliv.）Krass. |

野牡丹属　　***Melastoma*** Linn.

799	多花野牡丹	*Melastoma affine* D. Don
800	野牡丹	*Melastoma candidum* D. Don
801	地菍	*Melastoma dodecandrum* Lour.
802	细叶野牡丹	*Melastoma intermedium* Dunn
803	展毛野牡丹	*Melastoma normale* D. Don
804	毛菍	*Melastoma sanguineum* Sims

谷木属　　***Memecylon*** Linn.

805　谷木　　*Memecylon ligustrifolium* Champ. ex Benth.

金锦香属　　***Osbeckia*** Linn.

806	金锦香	*Osbeckia chinensis* L.
807	假朝天罐	*Osbeckia crinita* Benth. ex C. B. Clarke
808	朝天罐	*Osbeckia opipara* C. Y. Wu et C. Chen

锦香草属　　***Phyllagathis*** Blume，emend.

809　锦香草　　*Phyllagathis cavaleriei*（H. Lév. et Vaniot）Guillaumin

810 短毛熊巴掌 *Phyllagathis cavaleriei*（H. Lév. et Vaniot）Guillaumin var. *tankahkeei*（Merr.）C. Y. Wu ex C. Chen

811 叶底红 *Phyllagathis fordii*（Hance）C. Chen

肉穗草属 *Sarcopyramis* Wall.

812 楮头红 *Sarcopyramis napalensis* Wall.

蜂斗草属 *Sonerila* Roxb.

813 蜂斗草 *Sonerila cantonensis* Stapf

814 溪边桑勒草 *Sonerila rivularis* Cogn.

815 三蕊草 *Sonerila tenera* Royle

无距花属 *Stapfiophyton* H. L. Li，emend.

816 短葶无距花 *Stapfiophyton breviscapum* C. Chen

（一一五）使君子科 Combretaceae

风车子属 *Combretum* Leefl.

817 风车子 *Combretum alfredii* Hance

使君子属 *Quisqualis* Linn.

818 使君子 *Quisqualis indica* L.

诃子属 *Terminalia* Linn.，nom. conserv.

＊819 榄仁树 *Terminalia catappa* L.

（一一六）红树科 Rhizophoraceae

竹节树属 *Carallia* Roxb.

820 竹节树 *Carallia brachiata*（Lour.）Merr.

（一一七）金丝桃科 Hypericaceae

黄牛木属 *Cratoxylum* Bl.

821 黄牛木 *Cratoxylum cochinchinense*（Lour.）Bl.

金丝桃属 *Hypericum* Linn.

822 赶山鞭 *Hypericum attenuatum* Choisy

823	挺茎遍地金	*Hypericum elodeoides* Choisy
824	衡山金丝桃	*Hypericum hengshanense* W. T. Wang
825	地耳草	*Hypericum japonicum* Thunb. ex Murray
826	金丝桃	*Hypericum monogynum* L.
827	元宝草	*Hypericum sampsonii* Hance

（一一八）藤黄科　　Guttiferae

红厚壳属　　*Calophyllum* Linn.

| 828 | 薄叶红厚壳 | *Calophyllum membranaceum* Gardn. et Champ. |

藤黄属　　*Garcinia* Linn.

| 829 | 木竹子 | *Garcinia multiflora* Champ. ex Benth. |
| 830 | 岭南山竹子 | *Garcinia oblongifolia* Champ. ex Benth. |

（一一九）椴树科　　Tiliaceae

田麻属　　*Corchoropsis* Sieb. et Zucc.

| 831 | 田麻 | *Corchoropsis tomentosa* （Thunb.）Makino |

黄麻属　　*Corchorus* Linn.

832	甜麻	*Corchorus aestuans* L.
*833	黄麻	*Corchorus capsularis* L.
834	长蒴黄麻	*Corchorus olitorius* L.

扁担杆属　　*Grewia* Linn.

| 835 | 扁担杆 | *Grewia biloba* G. Don |
| 836 | 黄麻叶扁担杆 | *Grewia henryi* Burret |

刺蒴麻属　　*Triumfetta* Linn.

837	单毛刺蒴麻	*Triumfetta annua* L.
838	毛刺蒴麻	*Triumfetta cana* Bl.
839	刺蒴麻	*Triumfetta rhomboidea* Jack.

（一二○）杜英科　　Elaeocarpaceae

杜英属　　*Elaeocarpus* Linn.

| *840 | 长芒杜英 | *Elaeocarpus apiculatus* Mast. |

841	中华杜英	*Elaeocarpus chinensis*（Gardner et Champ.）Hook. f. ex Benth.
842	杜英	*Elaeocarpus decipiens* Hemsl.
843	褐毛杜英	*Elaeocarpus duclouxii* Gagnep.
844	秃瓣杜英	*Elaeocarpus glabripetalus* Merr.
*845	水石榕	*Elaeocarpus hainanensis* Oliv.
846	日本杜英	*Elaeocarpus japonicus* Sieb. et Zucc.
847	披针叶杜英	*Elaeocarpus lanceifolius* Roxb.
848	山杜英	*Elaeocarpus sylvestris*（Lour.）

猴欢喜属 ***Sloanea* Linn.**

849	全叶猴欢喜	*Sloanea chingiana* Hu var. *integrifolia*（Chun et F. C. How）H. T. Chang
850	薄果猴欢喜	*Sloanea leptocarpa* Diels
851	猴欢喜	*Sloanea sinensis*（Hance）Hemsl.

（一二一）梧桐科　　Sterculiaceae

刺果藤属 ***Byttneria* Loefl.**

| 852 | 刺果藤 | *Byttneria aspera* Colebr. |

梧桐属 ***Firmiana* Marsili**

| *853 | 梧桐 | *Firmiana platanifolia*（L. f.）Marsili |

山芝麻属 ***Helicteres* Linn.**

| 854 | 山芝麻 | *Helicteres angustifolia* L. |

马松子属 ***Melochia* Linn.**

| 855 | 马松子 | *Melochia corchorifolia* L. |

翅子树属 ***Pterospermum* Schreber**

| 856 | 翻白叶树 | *Pterospermum heterophyllum* Hance |

梭罗树属 ***Reevesia* Lindley**

857	长柄梭罗	*Reevesia longipetiolata* Merr. et Chun
858	密花梭罗	*Reevesia pycnantha* Ling
859	两广梭罗	*Reevesia thysoidea* Lindl.
860	绒果梭罗	*Reevesia tomentosa* Li

苹婆属 ***Sterculia* Linn.**

| *861 | 假苹婆 | *Sterculia lanceolata* Cav. |

＊862　苹婆　　　　　　　　*Sterculia nobilis* Sm.

（一二二）木棉科　　　Bombacaceae

木棉属　　　　　　　　***Bombax* Linn.**

＊863　木棉　　　　　　　*Bombax malabaricum* DC.

吉贝属　　　　　　　　***Ceiba* Mill. emend. Gaertn.**

＊864　美丽异木棉　　　　*Ceiba speciosa* St. Hih.

瓜栗属　　　　　　　　***Pachira* Aubl.**

＊865　瓜栗　　　　　　　*Pachira macrocarpa*（Schltdl. et Cham.）Walp.

（一二三）锦葵科　　　Malvaceae

秋葵属　　　　　　　　***Abelmoschus* Medicus**

866　黄葵　　　　　　　*Abelmoschus moschatus*（L.）Medicus.

苘麻属　　　　　　　　***Abutilon* Miller**

867　磨盘草　　　　　　*Abutilon indicum*（L.）Sweet.

木槿属　　　　　　　　***Hibiscus* Linn.**

＊868　木芙蓉　　　　　　*Hibiscus mutabilis* L.

＊869　重瓣木芙蓉　　　　*Hibiscus mutabilis* L. form. *plenus*（Andr.）S. Y. Hu

＊870　朱槿　　　　　　　*Hibiscus rosa-sinensis* L.

＊871　重瓣朱槿　　　　　*Hibiscus rosa-sinensis* L. var. *rubro-plenus* Sweet

＊872　玫瑰茄　　　　　　*Hibiscus sabdariffa* L.

＊873　吊灯扶桑　　　　　*Hibiscus schizopetalus*（Mast.）Hook. f.

＊874　木槿　　　　　　　*Hibiscus syriacus* L.

＊875　黄槿　　　　　　　*Hibiscus tiliaceus* L.

876　野西瓜苗　　　　　*Hibiscus trionum* L.

锦葵属　　　　　　　　***Malva* Linn.**

＊877　锦葵　　　　　　　*Malva sinensis* Cavan.

赛葵属　　　　　　　　***Malvastrum* A. Gray.**

878　赛葵　　　　　　　*Malvastrum coromandelianum*（L.）Gurcke

黄花稔属　　　　　　　***Sida* Linn.**

879　黄花稔　　　　　　*Sida acuta* Burm. f.

	880	桤叶黄花稔	*Sida alnifolia* L.
	881	长梗黄花稔	*Sida cordata*（Burm. f.）Borss.
	882	白背黄花稔	*Sida rhombifolia* L.

梵天花属 ***Urena* Linn.**

	883	地桃花	*Urena lobata* L.
	884	中华地桃花	*Urena lobata* L. var. *chinensis*（Osbeck）S. Y. Hu
	885	粗叶地桃花	*Urena lobata* L. var. *scabriuscula*（DC.）Walp.
	886	梵天花	*Urena procumbens* L.

（一二四）金虎尾科 **Malpighiaceae**

风筝果属 ***Hiptage* Gaertn.**

| | 887 | 风筝果 | *Hiptage benghalensis*（L.）Kurz |

（一二五）古柯科 **Erythroxylaceae**

古柯属 ***Erythroxylum* P. Browne.**

| | 888 | 东方古柯 | *Erythroxylum sinensis* C. Y. Wu |

（一二六）粘木科 **Ixonanthaceae**

粘木属 ***Ixonanthes* Jack**

| | 889 | 粘木 | *Ixonanthes chinensis* Champ. |

（一二七）大戟科 **Euphorbiaceae**

铁苋菜属 ***Acalypha* Linn.**

	890	铁苋菜	*Acalypha australis* L.
＊	891	红穗铁苋菜	*Acalypha hispida* Burm. f.
＊	892	红桑	*Acalypha wilkesiana* Müll. Arg.
＊	893	金边红桑	*Acalypha wilkesiana* Müll. Arg. cv. *Marginata*

山麻杆属 ***Alchornea* Sw.**

| | 894 | 山麻杆 | *Alchornea davidii* Franch. |

| 895 | 红背山麻杆 | *Alchornea trewioides*（Benth.）Muell. Arg. |

石栗属 **Aleurites** J. R. et G. Forst.

| ＊896 | 石栗 | *Aleurites moluccana*（L.）Willd. |

五月茶属 **Antidesma** Linn.

897	五月茶	*Antidesma bunius* Spreng.
898	黄毛五月茶	*Antidesma fordii* Hemsl.
899	日本五月茶	*Antidesma japonicum* Sicb. et Zucc.
900	柳叶五月茶	*Antidesma pseudomicrophyllum* Croizat
901	小叶五月茶	*Antidesma venosum* E. Mey. et Tul.

银柴属 **Aporusa** Bl.

| 902 | 银柴 | *Aporusa dioica*（Roxb.）Muell. Arg. |

秋枫属 **Bischofia** Bl.

| ＊903 | 秋枫 | *Bischofia javanica* Bl. |
| 904 | 重阳木 | *Bischofia polycarpa*（H. Lév.）Airy-Shaw |

黑面神属 **Breynia** J. R. Forst. et G. Forst.

| 905 | 黑面神 | *Breynia fruticosa*（L.）Hook. f. |
| 906 | 喙果黑面神 | *Breynia rostrata* Merr. |

土蜜树属 **Bridelia** Willd.

907	禾串树	*Bridelia insulana* Hance
908	膜叶土蜜树	*Bridelia pubescens* Kurz
909	土蜜树	*Bridelia tomentosa* Bl.

蝴蝶果属 **Cleidiocarpon** Airy-Shaw

| ＊910 | 蝴蝶果 | *Cleidiocarpon cavaleriei*（H. Lév.）Airy-Shaw |

变叶木属 **Codiaeum** A. Juss.

| ＊911 | 变叶木 | *Codiaeum variegatum*（L.）Rumph. ex A. Juss. |

巴豆属 **Croton** Linn.

912	鸡骨香	*Croton crassifolius* Geisel.
913	毛果巴豆	*Croton lachnocarpus* Benth.
914	巴豆	*Croton tiglium* L.

大戟属 **Euphorbia** Linn.

| ＊915 | 紫锦木 | *Euphorbia cotinifolia* L. |
| ＊916 | 猩猩草 | *Euphorbia cyathophora* Murray |

917	白苞猩猩草	*Euphorbia heterophylla* L.
918	飞扬草	*Euphorbia hirta* L.
919	通奶草	*Euphorbia hypericifolia* L.
920	甘遂	*Euphorbia kansui* Liou ex S. B. Ho
*921	铁海棠	*Euphorbia milii* Des Moul.
*922	金刚纂	*Euphorbia neriifolia* L.
923	大戟	*Euphorbia pekinensis* Rupr.
*924	一品红	*Euphorbia pulcherrima* Willd. ex Klotzsch
925	千根草	*Euphorbia thymifolia* L.
*926	绿玉树	*Euphorbia tirucalli* L.

海漆属　　　　　　　　　*Excoecaria* Linn.

| *927 | 红背桂花 | *Excoecaria cochinchinensis* Lour. |

白饭树属　　　　　　　　*Flueggea* Willd.

| 928 | 白饭树 | *Flueggea virosa*（Willd.）Baill. |

算盘子属　　　　　　　　*Glochidion* J. R. Forst. et G. Forst.

929	毛果算盘子	*Glochidion eriocarpum* Champ.
930	算盘子	*Glochidion puberum*（L.）Hutch.
931	白背算盘子	*Glochidion wrightii* Benth.

麻疯树属　　　　　　　　*Jatropha* L.

| *932 | 麻疯树 | *Jatropha curcas* L. |
| *933 | 变叶珊瑚花 | *Jatropha integerrima* Jacq. |

血桐属　　　　　　　　　*Macaranga* Thou.

934	刺果血桐	*Macaranga auriculata*（Merr.）Airy-Shaw
935	中平树	*Macaranga denticulata*（Bl.）Muell. Arg.
936	鼎湖血桐	*Macaranga sampsonii* Hance

野桐属　　　　　　　　　*Mallotus* Lour.

937	白背叶	*Mallotus apelta*（Lour.）Müll. Arg.
938	南平野桐	*Mallotus dunnii* F. P. Metcalf
939	野桐	*Mallotus japonicus*（L. f.）Müll. Arg. var. *floccosus*（Müll. Arg.）Hwang
940	东南野桐	*Mallotus lianus* Croizat
941	小果野桐	*Mallotus microcarpus* Pax. et Hoff.
942	白楸	*Mallotus paniculatus*（Lam.）Müll. Arg.
943	粗糠柴	*Mallotus philippensis*（Lam.）Müll. Arg.
944	石岩枫	*Mallotus repandus*（Willd.）Muell. Arg.

木薯属		*Manihot* P. Mill.
	*945 木薯	*Manihot esculenta* Crantz
红雀珊瑚属		*Pedilanthus* Neck. ex Poit.
	*946 红雀珊瑚	*Pedilanthus tithymaloides*（L.）Poit.
叶下珠属		*Phyllanthus* Linn.
	947 越南叶下珠	*Phyllanthus cochinchinensis*（Lour.）Spreng.
	948 余甘子	*Phyllanthus emblica* L.
	949 青灰叶下珠	*Phyllanthus glaucus* Wall. ex Müll. Arg.
	950 小果叶下珠	*Phyllanthus reticulatus* Poir.
	951 叶下珠	*Phyllanthus urinaria* L.
	952 密甘草	*Phyllanthus ussuriensis* Rupr. et Maxim.
	953 黄珠子草	*Phyllanthus virgatus* Forst. f.
蓖麻属		*Ricinus* L.
	*954 蓖麻	*Ricinus communis* L.
乌桕属		*Sapium* P. Br.
	955 斑子乌桕	*Sapium atrobadiomaculatum* F. P. Metcalf
	956 山乌桕	*Sapium discolor*（Champ. ex Benth.）Müll. Arg.
	957 白木乌桕	*Sapium japonicum*（Sieb. et Zucc.）Pax et K. Hoffm.
	958 乌桕	*Sapium sebiferum*（L.）Roxb.
守宫木属		*Sauropus* Bl.
	*959 守宫木	*Sauropus androgynus*（L.）Merr.
油桐属		*Vernicia* Lour.
	960 油桐	*Vernicia fordii* Hemsl.
	961 木油桐	*Vernicia montana* Lour.

（一二八）交让木科　　Daphniphylaceae

交让木属		*Daphniphyllum* Bl.
	962 牛耳枫	*Daphniphyllum calycinum* Benth.
	963 交让木	*Daphniphyllum macropodum* Miq.
	964 虎皮楠	*Daphniphyllum oldhamii*（Hemsl.）K. Rosenthal
	965 假轮叶虎皮楠	*Daphniphyllum subverticillatum* Merr.

（一二九）鼠刺科　　Escalloniaceae

鼠刺属　　***Itea*** Linn.

966	鼠刺	*Itea chinensis* Hook. et Arn.
967	腺鼠刺	*Itea glutinosa* Hand. -Mazz.
968	毛鼠刺	*Itea indochinensis* Merr.
969	毛脉鼠刺	*Itea indochinensis* Merr. var. *pubinervia* C. Y. Wu ex H. Chuang
970	矩叶鼠刺	*Itea oblonga* Hand. -Mazz.

（一三〇）绣球科　　Hydrangeaceae

常山属　　***Dichroa*** Lour.

| 971 | 常山 | *Dichroa febrifuga* Lour. |

绣球属　　***Hydrangea*** Lour.

972	酥醪绣球	*Hydrangea coenobialis* Chun
973	西南绣球	*Hydrangea davidii* Franch.
974	广东绣球	*Hydrangea kwangtungensis* Merr.
975	狭叶绣球	*Hydrangea lingii* G. Hoo
*976	绣球	*Hydrangea macrophylla*（Thunb.）Ser.
977	圆锥绣球	*Hydrangea paniculata* Sieb.
978	柳叶绣球	*Hydrangea stenophylla* Merr. et Chun
979	蜡莲绣球	*Hydrangea strigosa* Rehd.
980	紫叶绣球	*Hydrangea vinicolor* Chun

冠盖藤属　　***Pileostegia*** Hook. f. et Thoms.

| 981 | 星毛冠盖藤 | *Pileostegia tomentella* Hand. -Mazz. |
| 982 | 冠盖藤 | *Pileostegia viburnoides* Hook. f. et Thoms. |

（一三一）蔷薇科　　Rosaceae

龙芽草属　　***Agrimonia*** L.

| 983 | 小花龙芽草 | *Agrimonia nipponica* Koidz. var. *occidentalis* Skalicky ex J. E. Vidal |
| 984 | 龙芽草 | *Agrimonia pilosa* Ledeb. |

桃属	*Amygdalus* L.
*985 桃	*Amygdalus persica* L.

杏属 *Armeniaca* Mill.

*986 梅　　　*Armeniaca mume* Siebold

*987 杏　　　*Armeniaca vulgaris* Lam.

樱属 *Cerasus* Mill.

988 钟花樱桃　*Cerasus campanulata*（Maxim.）Yu et Li.

989 麦李　　　*Cerasus glandulosa*（Thunb.）Loisel.

蛇莓属 *Duchesnea* J. E. Smith

990 皱果蛇莓　*Duchesnea chrysantha*（Zoll. et Moritzi）Miq.

991 蛇莓　　　*Duchesnea indica*（Andrews）Focke

枇杷属 *Eriobotrya* Lindl.

992 大花枇杷　*Eriobotrya cavaleriei*（Levl.）Rehd.

993 香花枇杷　*Eriobotrya fragrans* Champ.

*994 枇杷　　　*Eriobotrya japonica*（Thunb.）Lindl.

桂樱属 *Laurocerasus* Tourn. ex Duh.

995 冬青叶桂樱　*Laurocerasus aquifolioides* Chun ex T. T. Yu et L. T. Lu

996 华南桂樱　*Laurocerasus fordiana*（Dunn）Browicz

997 毛背桂樱　*Laurocerasus hypotricha*（Rehder）T. T. Yu et L. T. Lu

998 全缘桂樱　*Laurocerasus marginata*（Dunn）T. T. Yu et L. T. Lu

999 腺叶野樱　*Laurocerasus phaeosticta*（Hance）C. K. Schneid.

1000 锐齿桂樱　*Laurocerasus phaeosticta*（Hance）Schneid. form. *ciliospinosa* Chun ex Yü et Lu

1001 刺叶桂樱　*Laurocerasus spinulosa*（Siebold et Zucc.）C. K. Schneid.

1002 钝齿尖叶桂樱　*Laurocerasus undulata*（D. Don）Roem. form. *microbotrys*（Koehne）Yü et Lu

1003 大叶桂樱　*Laurocerasus zippeliana*（Miq.）Browicz

苹果属 *Malus* Mill.

1004 尖嘴林檎　*Malus melliana*（Hand. -Mazz.）Rehder

1005 川滇海棠　*Malus prattii*（Hemsl.）Schneid.

绣线梅属 *Neillia* D. Don

1006 中华绣线梅　*Neillia sinensis* Oliv.

稠李属 *Padus* Mill

1007 橉木　　　*Padus buergeriana*（Miq.）T. T. Yu et T. C. Ku

石楠属		***Photinia*** Lindl.
	1008	闽粤石楠	*Photinia benthamiana* Hance
	1009	椤木石楠	*Photinia davidsoniae* Rehder et E. H. Wilson
	1010	福建石楠	*Photinia fokienensis*（Finet et Franch.）Franch.
	1011	光叶石楠	*Photinia glabra*（Thunb.）Maxim.
	1012	陷脉石楠	*Photinia impressivena* Hayata
	1013	小叶石楠	*Photinia parvifolia*（Pritz.）Schneid.
	1014	桃叶石楠	*Photinia prunifolia*（Hook. et Arn.）Lindl.
	1015	饶平石楠	*Photinia raupingensis* K. C. Kuan
	1016	绒毛石楠	*Photinia schneideriana* Rehder et E. H. Wilson
	1017	石楠	*Photinia serrulata* Lindl.

委陵菜属　　　　***Potentilla*** Linn.

1018　翻白草　　*Potentilla discolor* Bunge
1019　蛇含委陵菜　*Potentilla kleiniana* Wight et Arn.
1020　朝天委陵菜　*Potentilla supina* L.

李属　　　　***Prunus*** L.

＊1021　李　　*Prunus salicina* Lindl.

臀果木属　　　　***Pygeum*** Gaertn.

1022　臀果木　　*Pygeum topengii* Merr.

火棘属　　　　***Pyracantha*** Roem.

1023　全缘火棘　　*Pyracantha atalantioides*（Hance）Stapf

梨属　　　　***Pyrus*** Linn.

1024　豆梨　　*Pyrus calleryana* Decne.
1025　豆梨楔叶变种　*Pyrus calleryana* Decne. var. *koehnei*（C. K. Schneid.）T. T. Yu
1026　沙梨　　*Pyrus pyrifolia*（Burm. f.）Nakai
1027　麻梨　　*Pyrus serrulata* Rehder

石斑木属　　　　***Rhaphiolepis*** Lindl.

1028　锈毛石斑木　*Rhaphiolepis ferruginea* F. P. Metcalf
1029　石斑木　　*Rhaphiolepis indica*（L.）Lindl. ex Ker
1030　细叶石斑木　*Rhaphiolepis lanceolata* Hu

蔷薇属　　　　***Rosa*** L.

＊1031　月季花　　*Rosa chinensis* Jacq.
1032　小果蔷薇　　*Rosa cymosa* Tratt.

1033	毛叶山木香	*Rosa cymosa* Tratt. var. *puberula* T. T. Yu et T. C. Ku
1034	软条七蔷薇	*Rosa henryi* Boulenger
1035	广东蔷薇	*Rosa kwangtungensis* T. T. Yu et Tsai
1036	毛叶广东蔷薇	*Rosa kwangtungensis* T. T. Yu et Tsai var. *mollis* F. P. Metcalf
1037	金樱子	*Rosa laevigata* Michx.
1038	粉团蔷薇	*Rosa multiflora* Thunb. var. *cathayensis* Rehd. et Wils.
1039	悬钩子蔷薇	*Rosa rubus* H. Lév. et Vaniot
*1040	玫瑰	*Rosa rugosa* Thunb.

悬钩子属　　　　　*Rubus* Linn.

1041	腺毛莓	*Rubus adenophorus* Rolfe
1042	粗叶悬钩子	*Rubus alceaefolius* Poir.
1043	周毛悬钩子	*Rubus amphidasys* Focke
1044	寒莓	*Rubus buergeri* Miq.
1045	掌叶复盆子	*Rubus chingii* Hu
1046	小柱悬钩子	*Rubus columellaris* Tutcher
1047	山莓	*Rubus corchorifolius* L. f.
1048	牛叠肚	*Rubus crataegifolius* Bunge
1049	闽粤悬钩子	*Rubus dunnii* F. P. Metcalf
1050	光果悬钩子	*Rubus glabricarpus* Cheng
1051	江西悬钩子	*Rubus gressittii* F. P. Metcalf
1052	华南悬钩子	*Rubus hanceanus* Kuntze
1053	白叶莓	*Rubus innominatus* S. Moore
1054	蒲桃叶悬钩子	*Rubus jambosoides* Hance
1055	高粱泡	*Rubus lambertianus* Ser.
1056	白花悬钩子	*Rubus leucanthus* Hance
1057	棠叶悬钩子	*Rubus malifolius* Focke
1058	太平莓	*Rubus pacificus* Hance
1059	茅莓	*Rubus parvifolius* L.
1060	梨叶悬钩子	*Rubus pirifolius* Smith.
1061	锈毛莓	*Rubus reflexus* Ker Gawl.
1062	浅裂锈毛莓	*Rubus reflexus* Ker. var. *hui* (Diels apud Hu) Metc.
1063	空心泡	*Rubus rosifolius* Sm.
1064	红腺悬钩子	*Rubus sumatranus* Miq.
1065	木莓	*Rubus swinhoei* Hance
1066	灰白毛莓	*Rubus tephrodes* Hance

| 1067 | 三花悬钩子 | *Rubus trianthus* Focke |
| 1068 | 东南悬钩子 | *Rubus tsangiorum* Hand. -Mazz. |

花楸属　　　　　　　*Sorbus* Linn.

1069	美脉花楸	*Sorbus caloneura*（Stapf）Rehder
1070	棕脉花楸	*Sorbus dunnii* Rehder
1071	石灰花楸	*Sorbus folgneri*（C. K. Schneid.）Rehder
1072	江南花楸	*Sorbus hemsleyi*（C. K. Schneid.）Rehder

绣线菊属　　　　　　*Spiraea* Linn.

| 1073 | 麻叶绣线菊 | *Spiraea cantoniensis* Lour. |
| 1074 | 中华绣线菊 | *Spiraea chinensis* Maxim. |

（一三二）含羞草科　　Mimosaceae

金合欢属　　　　　　*Acacia* Mill.

*1075	大叶相思	*Acacia auriculiformis* A. Cunn. ex Benth.
*1076	台湾相思	*Acacia confusa* Merr.
*1077	黑荆	*Acacia mearnsii* De Wild.
1078	羽叶金合欢	*Acacia pennata*（L.）Willd.
1079	藤金合欢	*Acacia sinuate*（Lour.）Merr.

海红豆属　　　　　　*Adenanthera* Linn.

| 1080 | 海红豆 | *Adenanthera pavonina* L. |

合欢属　　　　　　　*Albizia* Durazz.

1081	楹树	*Albizia chinensis*（Osbeck）Merr.
1082	天香藤	*Albizia corniculata*（Lour.）Druce
*1083	南洋楹	*Albizia falcataria*（L.）Fosberg
1084	山槐	*Albizia kalkora* Prain.
*1085	阔荚合欢	*Albizia lebbeck*（L.）Benth.

朱缨花属　　　　　　*Calliandra* Benth. nom. cons.

| *1086 | 朱缨花 | *Calliandra haematocephala* Hassk. |

银合欢属　　　　　　*Leucaena* Benth.

| 1087 | 银合欢 | *Leucaena leucocephala*（Lam.）de Wit |

含羞草属　　　　　　*Mimosa* Linn.

| 1088 | 含羞草 | *Mimosa pudica* L. |

| 1089 | 光荚含羞草 | *Mimosa sepiaria* Benth. |

猴耳环属   ***Pithecellobium* Mart.**

1090	猴耳环	*Pithecellobium clypearia*（Jack）Benth.
1091	亮叶猴耳环	*Pithecellobium lucidum* Benth.
1092	薄叶猴耳环	*Pithecellobium utile* Chun et F. C. How

（一三三）苏木科　　Caesalpiniaceae

缅茄属   ***Afzelia* Smith（nom. cons.）**

| 1093 | 缅茄 | *Afzelia xylocarpa*（Kurz）Craib |

羊蹄甲属   ***Bauhinia* Linn.**

1094	阔裂叶羊蹄甲	*Bauhinia apertilobata* Merr. et Metcalf.
*1095	红花羊蹄甲	*Bauhinia blakeana* Dunn
1096	龙须藤	*Bauhinia championii*（Benth.）Benth.
1097	首冠藤	*Bauhinia corymbosa* Roxb. ex DC.
1098	粉叶羊蹄甲	*Bauhinia glauca*（Wall. ex Benth.）Benth.
1099	鄂羊蹄甲	*Bauhinia glauca*（Wall. ex Benth.）Benth. subsp. *hupehana*（Craib）T. C. Chen
1100	褐毛羊蹄甲	*Bauhinia ornata* Kurz var. *kerrii*（Gagnep.）K. Larsen et S. S. Larsen
*1101	羊蹄甲	*Bauhinia purpurea* L.
*1102	洋紫荆	*Bauhinia variegata* L.

云实属   ***Caesalpinia* Linn.**

1103	华南云实	*Caesalpinia crista* L.
1104	云实	*Caesalpinia decapetala*（Roth）Alston
1105	大叶云实	*Caesalpinia magnifoliolata* F. P. Metcalf
1106	小叶云实	*Caesalpinia millettii* Hook. et Arn.
1107	喙荚云实	*Caesalpinia minax* Hance
*1108	金凤花	*Caesalpinia pulcherrima*（L.）Sw.
*1109	苏木	*Caesalpinia sappan* L.
1110	春云实	*Caesalpinia vernalis* Benth.

决明属   ***Cassia* Linn.**

| *1111 | 翅荚决明 | *Cassia alata* L. |
| *1112 | 双荚决明 | *Cassia bicapsularis* L. |

*1113	腊肠树	*Cassia fistula* L.
1114	含羞草决明	*Cassia mimosoides* L.
1115	望江南	*Cassia occidentalis* L.
*1116	铁刀木	*Cassia siamea* Lam.
*1117	黄槐决明	*Cassia surattensis* Burm.
1118	决明	*Cassia tora* L.

凤凰木属 **Delonix** Raf.

*1119	凤凰木	*Delonix regia*（Hook.）Raf.

格木属 **Erythrophleum** R. Br.

1120	格木	*Erythrophleum fordii* Oliv.

皂荚属 **Gleditsia** Linn.

1121	小果皂荚	*Gleditsia australis* Hemsl.
1122	皂荚	*Gleditsia sinensis* Lam.

肥皂荚属 **Gymnocladus** Lam.

1123	肥皂荚	*Gymnocladus chinensis* Baill.

老虎刺属 **Pterolobium** R. Br. ex Wight et Arn. **，nom. cons.**

1124	老虎刺	*Pterolobium punctatum* Hemsl.

任豆属 **Zenia** Chun

1125	任豆	*Zenia insignis* Chun

（一三四）蝶形花科　Papilionaceae

相思子属 **Abrus** Adans.

1126	毛相思子	*Abrus mollis* Hance
1127	相思子	*Abrus precatorius* L.

合萌属 **Aeschynomene** Linn.

1128	合萌	*Aeschynomene indica* L.

链荚豆属 **Alysicarpus** Neck. ex Desv.

1129	链荚豆	*Alysicarpus vaginalis*（L.）DC.

落花生属 **Arachis** Linn.

*1130	蔓花生	*Arachis duranensis* Krapov. et W. C. Gregory
*1131	落花生	*Arachis hypogaea* L.

紫云英属		*Astragalus* L.
	＊1132 紫云英	*Astragalus sinicus* L.
藤槐属		*Bowringia* Camp. ex Benth.
	1133 藤槐	*Bowringia callicarpa* Champ. ex Benth.
木豆属		*Cajanus* DC.
	1134 木豆	*Cajanus cajan*（Linn.）Millsp.
	1135 虫豆	*Cajanus crassus*（Prain ex King）Vaniot der Maesen
	1136 蔓草虫豆	*Cajanus scarabaeoides*（L.）Thouars
杭子梢属		*Campylotropis* Bunge
	1137 杭子梢	*Campylotropis macrocarpa*（Bunge）Rehder
刀豆属		*Canavalia* DC.
	1138 小刀豆	*Canavalia cathartica* Thou.
舞草属		*Codariocalyx* Hassk
	1139 舞草	*Codariocalyx motorius*（Houtt.）ohashi
	1140 圆叶舞草	*Codariocalyx gyroides*（Roxb. ex Link）Hask.
猪屎豆属		*Crotalaria* Linn.
	1141 响铃豆	*Crotalaria albida* Roth
	1142 大猪屎豆	*Crotalaria assamica* Benth.
	1143 中国猪屎豆	*Crotalaria chinensis* L.
	1144 假地蓝	*Crotalaria ferruginea* Graham ex Benth.
	1145 线叶猪屎豆	*Crotalaria linifolia* L. f.
	1146 假苜蓿	*Crotalaria medicaginea* Lam.
	1147 猪屎豆	*Crotalaria pallida* Ait.
	1148 野百合	*Crotalaria sessiliflora* L.
黄檀属		*Dalbergia* Linn. f.
	1149 南岭黄檀	*Dalbergia balansae* Prain
	1150 两粤黄檀	*Dalbergia benthami* Prain
	1151 弯枝黄檀	*Dalbergia candenatensis*（Dennst.）Prain
	1152 藤黄檀	*Dalbergia hancei* Benth.
	1153 黄檀	*Dalbergia hupeana* Hance
	1154 香港黄檀	*Dalbergia millettii* Benth.
	1155 含羞草叶黄檀	*Dalbergia mimosoides* Franch.
	1156 降香	*Dalbergia odorifera* T. C. Chen
鱼藤属		*Derris* Lour.
	1157 白花鱼藤	*Derris alborubra* Hemsl.
	1158 尾叶鱼藤	*Derris caudatilimba* F. C. How

| 1159 | 毛鱼藤 | *Derris ellptica*（Wall.）Benth. |
| 1160 | 中南鱼藤 | *Derris fordii* Oliv. |

山蚂蝗属　　　　　　*Desmodium* Desv.

1161	小槐花	*Desmodium caudatum*（Thunb.）DC.
1162	假地豆	*Desmodium heterocarpon*（L.）DC.
1163	异叶山蚂蝗	*Desmodium heterophyllum*（Willd.）DC.
1164	大叶拿身草	*Desmodium laxiflorum* DC.
1165	小叶三点金	*Desmodium microphyllum*（Thunb.）DC.
1166	饿蚂蝗	*Desmodium multiflorum* DC.
1167	长波叶山蚂蝗	*Desmodium sequax* Wall.
1168	广东金钱草	*Desmodium styracifolium*（Osbeck）Merr.
1169	三点金	*Desmodium triflorum*（L.）DC.

野扁豆属　　　　　　*Dunbaria* Wight et Arn.

1170	雀舌豆	*Dumasia forrestii* Diels
1171	长柄野扁豆	*Dunbaria podocarpa* Kurz
1172	圆叶野扁豆	*Dunbaria rotundifolia*（Lour.）Merr.
1173	柔毛山黑豆	*Dumasia villosa* DC.

鸡头薯属　　　　　　*Eriosema*（DC.）G. Don

| 1174 | 鸡头薯 | *Eriosema chinense* Vog. |

刺桐属　　　　　　*Erythrina* Linn.

＊1175	龙牙花	*Erythrina corallodendron* L.
＊1176	鸡冠刺桐	*Erythrina cristagalli* L.
＊1177	刺桐	*Erythrina variegata* L.

千斤拔属　　　　　　*Flemingia* Roxb. ex W. T. Ait.

| 1178 | 大叶千斤拔 | *Flemingia macrophylla*（Willd.）Prain |
| 1179 | 千斤拔 | *Flemingia philippinensis* Merr. et Rolfe |

大豆属　　　　　　*Glycine* Willd.

| ＊1180 | 大豆 | *Glycine max*（L.）Merr. |
| 1181 | 野大豆 | *Glycine soja* Sieb. et Z. |

木蓝属　　　　　　*Indigofera* Linn.

| 1182 | 深紫木蓝 | *Indigofera atropurpurea* Buch. -Ham. ex Roxb. |
| 1183 | 苏木蓝 | *Indigofera carlesii* Craib |

1184	庭藤	*Indigofera decora* Lindl.
1185	宜昌木蓝	*Indigofera decora* Lindl. var. *ichangensis*（Craib）Y. Y. Fang et C. Z. Zheng
1186	花木蓝	*Indigofera kirilowii* Palib.
1187	野青树	*Indigofera suffruticosa* Mill.

鸡眼草属 *Kummerowia* Schindl.

| 1188 | 鸡眼草 | *Kummerowia striata*（Thunb.）Schindl. |

扁豆属 *Lablab* Adans.

| ＊1189 | 扁豆 | *Lablab purpureus*（L.）Sweet Hort. |

胡枝子属 *Lespedeza* Michx.

1190	胡枝子	*Lespedeza bicolor* Turcz.
1191	中华胡枝子	*Lespedeza chinensis* G. Don
1192	截叶铁扫帚	*Lespedeza cuneata*（Dum. Cours.）G. Don
1193	短梗胡枝子	*Lespedeza cyrtobotrya* Miq.
1194	多花胡枝子	*Lespedeza floribunda* Bunge
1195	广东胡枝子	*Lespedeza fordii* Schindl.
1196	美丽胡枝子	*Lespedeza formosa*（Vogel）Koehne
1197	尖叶铁扫帚	*Lespedeza juncea*（L. f.）Pers.
1198	短叶胡枝子	*Lespedeza mucronata* Ricker
1199	铁马鞭	*Lespedeza pilosa*（Thunb.）Sieb. et Zucc.
1200	绒毛胡枝子	*Lespedeza tomentosa*（Thunb.）Maxim.

崖豆藤属 *Millettia* Wight et Arn.

1201	绿花崖豆藤	*Millettia championii* Benth.
1202	香花崖豆藤	*Millettia dielsiana* Harms
1203	异果崖豆藤	*Millettia dielsiana* Harms var. *heterocarpa*（Chun ex T. Chen）Z. Wei
1204	亮叶崖豆藤	*Millettia nitida* Benth.
1205	厚果崖豆藤	*Millettia pachycarpa* Benth.
1206	网络崖豆藤	*Millettia reticulata* Benth.
1207	线叶崖豆藤	*Millettia reticulata* Benth. var. *stenophylla* Merr. et Chun
1208	喙果崖豆藤	*Millettia tsui* F. P. Metcalf
1209	三叶崖豆藤	*Millettia unijuga* Gagnep.

黧豆属 *Mucuna* Adans.

| 1210 | 白花油麻藤 | *Mucuna birdwoodiana* Tutch. |

| 1211 | 鲾豆 | *Mucuna pruriens*（L.）DC. var. *utilis*（Wall. ex Wight）Baker ex Burck |

红豆属　　　　　　　　　　*Ormosia* Jacks.

1212	光叶红豆	*Ormosia glaberrima* Y. C. Wu
1213	花榈木	*Ormosia henryi* Prain
1214	小叶红豆	*Ormosia microphylla* Merr.
1215	绒毛小叶红豆	*Ormosia microphylla* Merr. et L. Chen var. *tomentosa* R. H. Chang
1216	茸荚红豆	*Ormosia pachycarpa* Benth.
1217	海南红豆	*Ormosia pinnata*（Lour.）Merr.
1218	岩生红豆	*Ormosia saxatilis* K. M. Lan
1219	软荚红豆	*Ormosia semicastrata* Hance
1220	木荚红豆	*Ormosia xylocarpa* Merr. et L. Chen

豆薯属　　　　　　　　　　*Pachyrhizus* Rich. ex DC.

| *1221 | 沙葛 | *Pachyrhizus erosus*（L.）Urb. |

菜豆属　　　　　　　　　　*Phaseolus* Linn.

| *1222 | 菜豆 | *Phaseolus vulgaris* L. |

排钱树属　　　　　　　　　*Phyllodium* Desv.

1223	毛排钱树	*Phyllodium elegans*（Lour.）Desv.
1224	长叶排钱树	*Phyllodium longipes*（Craib）Schindl.
1225	排钱树	*Phyllodium pulchellum*（L.）Desv.

豌豆属　　　　　　　　　　*Pisum* Linn.

| *1226 | 豌豆 | *Pisum sativum* L. |

长柄山蚂蝗属　　　　　　　*Podocarpium*（Benth.）Yang et Huang

| 1227 | 宽卵叶长柄山蚂蝗 | *Podocarpium podocarpum*（DC.）Y. C. Yang et P. H. Huang var. *fallax*（Schindl.）Y. C. Yang et P. H. Huang |
| 1228 | 尖叶长柄山蚂蝗 | *Podocarpium podocarpum*（DC.）Y. C. Yang et P. H. Huang var. *oxyphyllum*（DC.）Y. C. Yang et P. H. Huang |

紫檀属　　　　　　　　　　*Pterocarpus* Jacq. nom. conserv.

| *1229 | 紫檀 | *Pterocarpus indicus* Willd. |

葛属　　　　　　　　　　　*Pueraria* DC.

| 1230 | 葛 | *Pueraria lobata*（Willd.）Ohwi |
| 1231 | 葛麻姆 | *Pueraria lobata*（Willd.）Ohwi var. *montana*（Lour.）Vaniot der Maesen |

| 1232 | 粉葛 | *Pueraria lobata*（Willd.）Ohwi var. *thomsonii*（Benth.）Vaniot der Maesen |
| 1233 | 三裂叶野葛 | *Pueraria phaseoloides*（Roxb.）Benth. |

鹿藿属 *Rhynchosia* Lour.

| 1234 | 鹿藿 | *Rhynchosia volubilis* Lour. |

田菁属 *Sesbania* Scop.

| 1235 | 田菁 | *Sesbania cannabina*（Retz.）Poir. |

笔花豆属 *Stylosanthes* Sw.

| 1236 | 圭亚那笔花豆 | *Stylosanthes guianensis*（Aubl.）Sw. |

葫芦茶属 *Tadehagi* Ohashi

| 1237 | 葫芦茶 | *Tadehagi triquetrum*（L.）H. Ohashi |

狸尾豆属 *Uraria* Desv.

1238	猫尾草	*Uraria crinita*（L.）Desv. ex DC.
1239	狸尾豆	*Uraria lagopodioides*（L.）DC.
1240	中华狸尾豆	*Uraria sinensis*（Hemsl.）Franch.

野豌豆属 *Vicia* Linn.

| *1241 | 蚕豆 | *Vicia faba* L. |
| 1242 | 救荒野豌豆 | *Vicia sativa* L. |

豇豆属 *Vigna* Savi

*1243	赤豆	*Vigna angularis*（Willd.）Ohwi et Ohashi
1244	贼小豆	*Vigna minima*（Roxb.）Ohwi et Ohashi
*1245	绿豆	*Vigna radiata*（L.）Wilczek
*1246	赤小豆	*Vigna umbellata*（Thunb.）Ohwi et Ohashi
*1247	豇豆	*Vigna unguiculata*（L.）Walp.
*1248	短豇豆	*Vigna unguiculata*（L.）Walp. subsp. *cylindrica*（L.）Verdc.

紫藤属 *Wisteria* Nutt.

| *1249 | 紫藤 | *Wisteria sinensis*（Sims）Sweet |

丁葵草属 *Zornia* J. F. Gmel.

| 1250 | 丁葵草 | *Zornia gibbosa* Spanog. |

葽树属　　　　　　　　　*Altingia* Noronha

　　1251　窄叶葽树　　　　　*Altingia angustifolia* H. T. Chang

　　1252　葽树　　　　　　　*Altingia chinensis*（Champ. ex Benth.）Oliv. ex Hance

　　1253　细柄葽树　　　　　*Altingia gracilipes* Hemsl.

　　1254　细齿葽树　　　　　*Altingia gracilipes* Hemsl. var. *serrulata* Tutch.

蜡瓣花属　　　　　　　　*Corylopsis* Sieb. et Zucc.

　　1255　白背瑞木　　　　　*Corylopsis multiflora* Hance var. *nivea* Chang

蚊母树属　　　　　　　　*Distylium* Sieb. et Zucc.

　　1256　小叶蚊母树　　　　*Distylium buxifolium*（Hance）Merr.

　　1257　闽粤蚊母树　　　　*Distylium chungii*（F. P. Metcalf）W. C. Cheng

　　1258　窄叶蚊母树　　　　*Distylium dunnianum* H. Lév.

　　1259　杨梅叶蚊母树　　　*Distylium myricoides* Hemsl.

　　1260　蚊母树　　　　　　*Distylium racemosum* Sieb. et Zucc.

秀柱花属　　　　　　　　*Eustigma* Gardn. et Champ.

　　1261　秀柱花　　　　　　*Eustigma oblongifolium* Gardn. et Champ.

马蹄荷属　　　　　　　　*Exbucklandia* R. W. Brown

　　1262　马蹄荷　　　　　　*Exbucklandia populnea*（R. Br. ex Griff.）R. W. Brown

　　1263　大果马蹄荷　　　　*Exbucklandia tonkinensis*（Lec.）Steenis

枫香树属　　　　　　　　*Liquidambar* Linn.

　　1264　缺萼枫香树　　　　*Liquidambar acalycina* H. T. Chang

　　1265　枫香树　　　　　　*Liquidambar formosana* Hance

檵木属　　　　　　　　　*Loropetalum* R. Brown

　　1266　檵木　　　　　　　*Loropetalum chinense*（R. Br.）Oliver

　＊1267　红花檵木　　　　　*Loropetalum chinense*（R. Br.）Oliv. var. *rubrum* Yieh

红花荷属　　　　　　　　*Rhodoleia* Champ. ex Hook. f.

　＊1268　红花荷　　　　　　*Rhodoleia championii* Hook. f.

半枫荷属　　　　　　　　*Semiliquidambar* H. T. Chang

　　1269　半枫荷　　　　　　*Semiliquidambar cathayensis* H. T. Chang

　　1270　小叶半枫荷　　　　*Semiliquidambar cathayensis* H. T. Chang var. *parvifolia*

　　　　　　　　　　　　　　（Chun）H. T. Chang

水丝梨属　　　　　*Sycopsis* Oliver

  1271　尖叶水丝梨　　*Sycopsis dunii* Hemsl.

  1272　水丝梨　　　　*Sycopsis sinensis* Oliver

  1273　钝叶水丝梨　　*Sycopsis tutcheri* Hemsl.

（一三六）杜仲科　　Eucommiaceae

杜仲属　　　　　*Eucommia* Oliver

  ＊1274　杜仲　　　*Eucommia ulmoides* Oliver

（一三七）黄杨科　　Buxaceae

黄杨属　　　　　*Buxus* Linn.

  1275　雀舌黄杨　　*Buxus bodinieri* H. Lév.

  1276　匙叶黄杨　　*Buxus harlandii* Hance

  1277　大花黄杨　　*Buxus henryi* Mayr

  1278　大叶黄杨　　*Buxus megistophylla* H. Lév.

  1279　黄杨　　　　*Buxus sinica*（Rehder et E. H. Wilson）M. Cheng

  1280　尖叶黄杨　　*Buxus sinica*（Rehder et E. H. Wilson）M. Cheng subsp. *aemulans*（Rehder et E. H. Wilson）M. Cheng

（一三八）杨柳科　　Salicaceae

杨属　　　　　　*Populus* L.

  ＊1281　加杨　　　*Populus* X *canadensis* Moench

柳属　　　　　　*Salix* Linn.

  ＊1282　垂柳　　　*Salix babylonica* L.

  1283　长梗柳　　　*Salix dunnii* C. K. Schneid.

（一三九）杨梅科　　Myricaceae

杨梅属　　　　　*Myrica* L.

  1284　青杨梅　　　*Myrica adenophora* Hance

1285	毛杨梅	*Myrica esculenta* Buch. -Ham. ex D. Don
1286	云南杨梅	*Myrica nana* A. Chev.
1287	杨梅	*Myrica rubra* Sieb. et Zucc.

（一四〇）桦木科　　Betulaceae

桤木属　　*Alnus* Mill.

| 1288 | 桤木 | *Alnus cremastogyne* Burkill |

（一四一）壳斗科　　Fagaceae

栗属　　*Castanea* Mill.

| *1289 | 栗 | *Castanea mollissima* Bl. |

锥属　　*Castanopsis* (D. Don) Spach

1290	米槠	*Castanopsis carlesii* (Hemsl.) Hayata
1291	锥	*Castanopsis chinensis* (Spreng.) Hance
1292	厚皮锥	*Castanopsis chunii* W. C. Cheng
1293	华南锥	*Castanopsis concinna* (Champ. ex Benth.) A. DC.
1294	甜槠	*Castanopsis eyrei* (Champ. ex Benth.) Tutcher
1295	罗浮锥	*Castanopsis faberi* Hance
1296	栲	*Castanopsis fargesii* Franch.
1297	黧蒴锥	*Castanopsis fissa* (Champ. ex Benth.) Rehd. et E. H. Wils.
1298	毛锥	*Castanopsis fordii* Hance
1299	红锥	*Castanopsis hystrix* Miq.
1300	秀丽锥	*Castanopsis jucunda* Hance
1301	吊皮锥	*Castanopsis kawakamii* Hayata
1302	鹿角锥	*Castanopsis lamontii* Hance
1303	钩锥	*Castanopsis tibetana* Hance

青冈属　　*Cyclobalanopsis* Oerst.

1304	竹叶青冈	*Cyclobalanopsis bambusaefolia* (Hance) Hsu et Jen
1305	岭南青冈	*Cyclobalanopsis championii* (Benth.) Oerst.
1306	福建青冈	*Cyclobalanopsis chungii* (F. P. Metcalf) Hsu et Jen
1307	黄毛青冈	*Cyclobalanopsis delavayi* (Franch.) Schottky
1308	饭甑青冈	*Cyclobalanopsis fleuryi* (Hick. et A. Camus) Chun

1309	青冈	*Cyclobalanopsis glauca*（Thunb.）Oerst.
1310	雷公青冈	*Cyclobalanopsis hui*（Chun）Chun ex Hsu et Jen
1311	大叶青冈	*Cyclobalanopsis jenseniana*（Hand.-Mazz.）W. C. Cheng et T. Hong ex Q. F. Zheng
1312	小叶青冈	*Cyclobalanopsis myrsinifolia*（Bl.）Oerst.
1313	倒卵叶青冈	*Cyclobalanopsis obovatifolia*（Huang）Q. F. Zheng
1314	毛果青冈	*Cyclobalanopsis pachyloma*（Seemen）Schottky

柯属　　*Lithocarpus* Bl.

1315	杏叶柯	*Lithocarpus amygdalifolius*（Skan）Hayata
1316	美叶柯	*Lithocarpus calophyllus* Chun
1317	烟斗柯	*Lithocarpus corneus*（Lour.）Rehd.
1318	厚斗柯	*Lithocarpus elizabethae*（Tutcher）Rehd.
1319	泥柯	*Lithocarpus fenestratus*（Roxb.）Rehd.
1320	短穗泥柯	*Lithocarpus fenestratus*（Roxb.）Rehd. var. *brachycarpus* A. Camus
1321	柯	*Lithocarpus glaber*（Thunb.）Nakai
1322	菴耳柯	*Lithocarpus haipinii* Chun
1323	硬壳柯	*Lithocarpus hancei*（Benth.）Rehd.
1324	港柯	*Lithocarpus harlandii*（Hance ex Walp.）Rehd.
1325	挺叶柯	*Lithocarpus ithyphyllus* Chun ex H. T. Chang
1326	木姜叶柯	*Lithocarpus litseifolius*（Hance）Chun
1327	龙眼柯	*Lithocarpus longanoides* Huang et Y. T. Chang
1328	柄果柯	*Lithocarpus longipedicellatus*（Hickel et A. Camus）A. Camus
1329	大叶苦柯	*Lithocarpus paihengii* Chun et Tsiang
1330	犁耙柯	*Lithocarpus silvicolarum*（Hance）Chun
1331	紫玉盘柯	*Lithocarpus uvariifolius*（Hance）Rehd.
1332	卵叶玉盘柯	*Lithocarpus uvariifolius*（Hance）Rehd. var. *ellipticus*（F. P. Metcalf）Huang et Y. T. Chang

栎属　　*Quercus* Linn.

1333	麻栎	*Quercus acutissima* Carruth.
1334	白栎	*Quercus fabri* Hance
1335	乌岗栎	*Quercus phillyraeoides* A. Gray

（一四二）榆科　Ulmaceae

糙叶树属　　*Aphananthe* Planch. ，nom. gen. cons.

　　1336　糙叶树　　*Aphananthe aspera*（Thunb.）Planch.

朴属　　*Celtis* L.

　　1337　紫弹树　　*Celtis biondii* Pamp.

　　1338　朴树　　*Celtis sinensis* Pers.

　　1339　假玉桂　　*Celtis timorensis* Span.

　　1340　西川朴　　*Celtis vandervoetiana* Schneid.

山黄麻属　　*Trema* Lour.

　　1341　狭叶山黄麻　　*Trema angustifolia*（Planch.）Blume

　　1342　光叶山黄麻　　*Trema cannabina* Lour.

　　1343　山油麻　　*Trema cannabina* Lour. var. *dielsiana*（Hand.-Mazz.）C. J. Chen

　　1344　银毛叶山黄麻　　*Trema nitida* C. J. Chen

　　1345　异色山黄麻　　*Trema orientalis*（L.）Blume

　　1346　山黄麻　　*Trema tomentosa*（Roxb.）Hara

榆属　　*Ulmus* L.

　　1347　杭州榆　　*Ulmus changii* W. C. Cheng

　　1348　榔榆　　*Ulmus parvifolia* Jacq.

（一四三）桑科　Moraceae

波罗蜜属　　*Artocarpus* J. R. et G. Forst.

　＊1349　波罗蜜　　*Artocarpus heterophyllus* Lam.

　　1350　白桂木　　*Artocarpus hypargyreus* Hance

　　1351　胭脂　　*Artocarpus tonkinensis* A. Chev. ex Gagnep.

构属　　*Broussonetia* L'Hert. ex Vent.

　　1352　藤构　　*Broussonetia kaempferi* Siebold var. *australis* T. Suzuki

　　1353　楮　　*Broussonetia kazinoki* Siebold

　　1354　构树　　*Broussonetia papyrifera*（L.）L'Hér. ex Vent.

柘属　　*Cudrania* Trec.

　　1355　构棘　　*Cudrania cochinchinensis*（Lour.）Yakuro Kudo et Masam.

| 1356 | 毛柘藤 | *Cudrania pubescens* Trécul |
| 1357 | 柘树 | *Cudrania tricuspidata*（Carrière）Bureau ex Lavalle |

水蛇麻属   *Fatoua* Gaud.

| 1358 | 水蛇麻 | *Fatoua villosa*（Thunb.）Nakai |

榕属   *Ficus* Linn.

1359	石榕树	*Ficus abelii* Miq.
*1360	高山榕	*Ficus altissima* Blume
*1361	垂叶榕	*Ficus benjamina* L.
*1362	无花果	*Ficus carica* L.
1363	缘毛榕	*Ficus ciliata* S. S. Chang
1364	雅榕	*Ficus concinna*（Miq.）Miq.
1365	印度榕	*Ficus elastica* Roxb. ex Hornem.
1366	天仙果	*Ficus erecta* Thunb. var. *beecheyana*（Hook. et Arn.）King
1367	黄毛榕	*Ficus esquiroliana* Levl.
1368	水同木	*Ficus fistulosa* Reinw. ex Bl.
1369	台湾榕	*Ficus formosana* Maxim.
1370	细叶台湾榕	*Ficus formosana* Maxim. var. *shimadai* Hayata
1371	粗叶榕	*Ficus hirta* Vahl
1372	对叶榕	*Ficus hispida* L.
1373	青藤公	*Ficus langkokensis* Drake
1374	榕树	*Ficus microcarpa* L. f.
1375	九丁榕	*Ficus nervosa* B. Heyne ex Roth
1376	琴叶榕	*Ficus pandurata* Hance
1377	条叶榕	*Ficus pandurata* Hance var. *angustifolia* Cheng
1378	全缘琴叶榕	*Ficus pandurata* Hance var. *holophylla* Migo
1379	褐叶榕	*Ficus pubigera*（Wall. ex Miq.）Miq. var. *anserina* Corner
1380	薜荔	*Ficus pumila* L.
1381	舶梨榕	*Ficus pyriformis* Hook. et Arn.
*1382	菩提树	*Ficus religiosa* L.
1383	珍珠莲	*Ficus sarmentosa* Buch. -Ham. ex J. E. Sm. var. *henryi*（King ex Oliv.）Corner
1384	爬藤榕	*Ficus sarmentosa* Buch. -Ham. ex J. E. Sm. var. *impressa*（Champ.）Corner
1385	长柄爬藤榕	*Ficus sarmentosa* Buch. -Ham. ex J. E. Sm. var. *luducca*（Roxb.）Corner
1386	竹叶榕	*Ficus stenophylla* Hemsl.

1387	笔管榕	*Ficus superba* Miq. var. *japonica* Miq.
1388	斜叶榕	*Ficus tinctoria* Forst. f. subsp. *gibbosa*（Bl.）Corner
*1389	青果榕	*Ficus variegata* Bl. var. *chlorocarpa*（Benth.）King
1390	变叶榕	*Ficus variolosa* Lindl. ex Benth.
1391	白肉榕	*Ficus vasculosa* Wall. ex Miq.
*1392	黄葛树	*Ficus virens* Aiton var. *sublanceolata*（Miq.）Corner

桑属　　　　　　　　*Morus* Linn.

| *1393 | 桑 | *Morus alba* L. |
| 1394 | 鸡桑 | *Morus australis* Poir. |

（一四四）荨麻科　　Urticaceae

舌柱麻属　　　　　　*Archiboehmeria* C. J. Chen

| 1395 | 舌柱麻 | *Archiboehmeria atrata*（Gagnep.）C. J. Chen |

苎麻属　　　　　　　*Boehmeria* Jacp.

1396	密球苎麻	*Boehmeria densiglomerata* W. T. Wang
1397	海岛苎麻	*Boehmeria formosana* Hayata
1398	大叶苎麻	*Boehmeria longispica* Steud.
1399	苎麻	*Boehmeria nivea*（L.）Gaudich.
1400	青叶苎麻	*Boehmeria nivea* var. *tenacissima*（Gaudich.）Miq.
1401	小赤麻	*Boehmeria spicata*（Thunb.）Thunb.
1402	悬铃叶苎麻	*Boehmeria tricuspis*（Hance）Makino

微柱麻属　　　　　　*Chamabainia* Wight

| 1403 | 微柱麻 | *Chamabainia cuspidata* Wight |

水麻属　　　　　　　*Debregeasia* Gaudich.

| 1404 | 鳞片水麻 | *Debregeasia squamata* King ex Hook. f. |

楼梯草属　　　　　　*Elatostema* J. R. et G. Forst.

1405	楼梯草	*Elatostema involucratum* Franch. et Sav.
1406	光叶楼梯草	*Elatostema laevissimum* W. T. Wang
1407	狭叶楼梯草	*Elatostema lineolatum* Wight var. *majus* Wedd.
1408	光茎钝叶楼梯草	*Elatostema obtusum* Wedd. var. *glabrescens* W. T. Wang
1409	石生楼梯草	*Elatostema rupestre*（Buch. -Ham.）Wedd.

糯米团属　　　　　　*Gonostegia* Turcz.

| 1410 | 糯米团 | *Gonostegia hirta*（Bl.）Miq. |

紫麻属	*Oreocnide* Miq.
1411　紫麻	*Oreocnide frutescens*（Thunb.）Miq.

赤车属	*Pellionia* Gaudich.
1412　短叶赤车	*Pellionia brevifolia* Benth.
1413　华南赤车	*Pellionia grijsii* Hance
1414　小赤车	*Pellionia minima* Makino
1415　蔓赤车	*Pellionia scabra* Benth.

冷水花属	*Pilea* Lindl.
1416　湿生冷水花	*Pilea aquarum* Dunn
1417　短角湿生冷水花	*Pilea aquarum* Dunn subsp. *brevicornuta*（Hayata）C. J. Chen
*1418　花叶冷水花	*Pilea cadierei* Gagnep.
1419　点乳冷水花	*Pilea glaberrima*（Bl.）Bl.
1420　隆脉冷水花	*Pilea lomatogramma* Hand. -Mazz.
1421　小叶冷水花	*Pilea microphylla*（L.）Liebm.
1422　南川冷水花	*Pilea nanchuanensis* C. J. Chen
1423　冷水花	*Pilea notata* C. H. Wright
1424　矮冷水花	*Pilea peploides*（Gaudich.）Hook. et Arn.
1425　齿叶矮冷水花	*Pilea peploides*（Gaudich.）Hook. et Arn. var. *major* Wedd.
1426　细齿冷水花	*Pilea scripta*（Buch. -Ham. ex D. Don）Wedd.
1427　三角形冷水花	*Pilea swinglei* Merr.

雾水葛属	*Pouzolzia* Gaudich.
1428　红雾水葛	*Pouzolzia sanguinea*（Bl.）Merr.
1429　雾水葛	*Pouzolzia zeylanica*（L.）Benn.
1430　多枝雾水葛	*Pouzolzia zeylanica*（L.）Benn. var. *microphylla*（Wedd.）W. T. Wang

藤麻属	*Procris* Comm. ex Juss.
1431　藤麻	*Procris wightiana* Wall. ex Wedd.

（一四五）大麻科	Cannabinaceae

葎草属	*Humulus* Linn.
1432　葎草	*Humulus scandens*（Lour.）Merr.

（一四六）冬青科　　Aquifoliaceae

冬青属　　　　　　　　*Ilex* Linn.

1433	秤星树	*Ilex asprella*（Hook. et Arn.）Champ. ex Bench.
1434	大埔秤星树	*Ilex asprella*（Hook. et Arn.）Champ. ex Benth. var. *tapuensis* S. Y. Hu
1435	凹叶冬青	*Ilex championii* Loes.
1436	沙坝冬青	*Ilex chapaensis* Merr.
1437	冬青	*Ilex chinensis* Sims
1438	密花冬青	*Ilex confertiflora* Merr.
1439	齿叶冬青	*Ilex crenata* Thunb.
1440	黄毛冬青	*Ilex dasyphylla* Merr.
1441	显脉冬青	*Ilex editicostata* H. Hu et Tang
1442	厚叶冬青	*Ilex elmerrilliana* S. Y. Hu
1443	榕叶冬青	*Ilex ficoidea* Hemsl.
1444	台湾冬青	*Ilex formosana* Maxim.
1445	福建冬青	*Ilex fukienensis* S. Y. Hu
1446	团花冬青	*Ilex glomerata* King
1447	青茶香	*Ilex hanceana* Maxim.
1448	蕉岭冬青	*Ilex jiaolingensis* C. J. Tseng et H. H. Liu
1449	皱柄冬青	*Ilex kengii* S. Y. Hu
1450	凸脉冬青	*Ilex kobuskiana* S. Y. Hu
1451	广东冬青	*Ilex kwangtungensis* Merr.
1452	剑叶冬青	*Ilex lancilimba* Merr.
1453	大叶冬青	*Ilex latifolia* Thunb.
1454	矮冬青	*Ilex lohfauensis* Merr.
1455	大果冬青	*Ilex macrocarpa* Oliv.
1456	谷木叶冬青	*Ilex memecylifolia* Champ. ex Bench.
1457	小果冬青	*Ilex micrococca* Maxim.
1458	毛冬青	*Ilex pubescens* Hook. et Arn.
1459	铁冬青	*Ilex rotunda* Thunb.
1460	四川冬青	*Ilex szechwanensis* Loes.
1461	三花冬青	*Ilex triflora* Blume
1462	细枝冬青	*Ilex tsangii* S. Y. Hu
1463	绿冬青	*Ilex viridis* Champ. ex Benth.

| 1464 | 尾叶冬青 | *Ilex wilsonii* Loes. |

（一四七）卫矛科　　Celastraceae

南蛇藤属　　*Celastrus* Linn.

1465	过山枫	*Celastrus aculeatus* Merr.
1466	苦皮藤	*Celastrus angulatus* Maxim.
1467	大芽南蛇藤	*Celastrus gemmatus* Loes.
1468	青江藤	*Celastrus hindsii* Benth.
1469	硬毛南蛇藤	*Celastrus hirsutus* Comber
1470	滇边南蛇藤	*Celastrus hookeri* Prain.
1471	独子藤	*Celastrus monospermus* Roxb.
1472	南蛇藤	*Celastrus orbiculatus* Thunb.
1473	短梗南蛇藤	*Celastrus rosthornianus* Loes.
1474	显柱南蛇藤	*Celastrus stylosus* Wall.

卫矛属　　*Euonymus* Linn.

1475	卫矛	*Euonymus alatus*（Thunb.）Sieb
1476	百齿卫矛	*Euonymus centidens* H. Lév.
1477	扶芳藤	*Euonymus fortunei*（Turcz.）Hand. -Mazz.
1478	西南卫矛	*Euonymus hamiltonianus* Wall.
1479	常春卫矛	*Euonymus hederaceus* Champ. ex Benth.
1480	长叶卫矛	*Euonymus kwangtungensis* C. Y. Cheng
1481	疏花卫矛	*Euonymus laxiflorus* Champ. ex Benth.
1482	中华卫矛	*Euonymus nitidus* Benth.
1483	矩叶卫矛	*Euonymus oblongifolius* Loes. et Rehd.
1484	疏刺卫矛	*Euonymus spraguei* Hayata
1485	荚蒾卫矛	*Euonymus viburnoides* Prain

假卫矛属　　*Microtropis* Wall. ex Meisn.

1486	福建假卫矛	*Microtropis fokienensis* Dunn
1487	密花假卫矛	*Microtropis gracilipes* Merr. et Metc.
1488	广序假卫矛	*Microtropis petelotii* Merr. et F. L. Freeman
1489	三花假卫矛	*Microtropis triflora* Merr. et F. L. Freeman

雷公藤属　　*Tripterygium* Hook. f.

| 1490 | 雷公藤 | *Tripterygium wilfordii* Hook. f. |

（一四八）翅子藤科　　Hippocrateaceae

翅子藤属　　*Loeseneriella* A. C. Smith
　　1491　程香仔树　　*Loeseneriella concinna* A. C. Sm.
五层龙属　　*Salacia* L.
　　1492　五层龙　　*Salacia prinoides*（Willd.）DC.

（一四九）茶茱萸科　　Icacinaceae

定心藤属　　*Mappianthus* Hand. -Mazz.
　　1493　定心藤　　*Mappianthus iodoides* Hand. -Mazz.

（一五〇）铁青树科　　Olacaceae

青皮木属　　*Schoepfia* Schreb.
　　1494　华南青皮木　　*Schoepfia chinensis* Gardn. et Champ.
　　1495　青皮木　　*Schoepfia jasminodora* Sieb. et Zucc.

（一五一）桑寄生科　　Loranthaceae

离瓣寄生属　　*Helixanthera* Lour.
　　1496　离瓣寄生　　*Helixanthera parasitica* Lour.
　　1497　油茶离瓣寄生　　*Helixanthera sampsonii*（Hance）Danser
栗寄生属　　*Korthalsella* Van Tiegh.
　　1498　栗寄生　　*Korthalsella japonica*（Thunb.）Engl.
桑寄生属　　*Loranthus* Jacq.
　　1499　椆树桑寄生　　*Loranthus delavayi* Tiegh.
鞘花属　　*Macrosolen*（Blume）Reichb.
　　1500　鞘花　　*Macrosolen cochinchinensis*（Lour.）Tiegh.
梨果寄生属　　*Scurrula* L.
　　1501　红花寄生　　*Scurrula parasitica* L.

钝果寄生属	*Taxillus* Van Tiegh.
1502 广寄生	*Taxillus chinensis*（DC.）Danser
1503 锈毛钝果寄生	*Taxillus levinei*（Merr.）H. S. Kiu
1504 显脉木兰寄生	*Taxillus limprichtii*（Grüning）H. S. Kiu var. *liquidambaricolus*（Hayata）H. X. Qiu
1505 桑寄生	*Taxillus sutchuenensis*（Lecomte）Danser

大苞寄生属	*Tolypanthus* (Blume) Reichb.
1506 大苞寄生	*Tolypanthus maclurei*（Merr.）Danser

槲寄生属	*Viscum* L.
1507 棱枝槲寄生	*Viscum diospyrosicola* Hayata
1508 柄果槲寄生	*Viscum multinerve*（Hayata）Hayata

（一五二）檀香科　Santalaceae

寄生藤属	*Dendrotrophe* Miq.
1509 寄生藤	*Dendrotrophe frutescens*（Champ. ex Benth.）Danser

檀梨属	*Pyrularia* Michx.
1510 檀梨	*Pyrularia edulis*（Wall.）A. DC.

檀香属	*Santalum* L.
1511 檀香	*Santalum album* L.

（一五三）蛇菰科　Balanophoraceae

蛇菰属	*Balanophora* Forst. et Forst. f.
1512 红冬蛇菰	*Balanophora harlandii* Hook. f.

（一五四）鼠李科　Rhamnaceae

勾儿茶属	*Berchemia* Neck. ex DC.
1513 多花勾儿茶	*Berchemia floribunda*（Wall.）Brongn.
1514 铁包金	*Berchemia lineata*（L.）DC.

枳椇属   *Hovenia* Thunb.

  1515   枳椇   *Hovenia acerba* Lindl.

  1516   北枳椇   *Hovenia dulcis* Thunb.

  1517   毛果枳椇   *Hovenia trichocarpa* Chun et Tsiang

马甲子属   *Paliurus* Tourn ex Mill.

  1518   马甲子   *Paliurus ramosissimus*（Lour.）Poir.

鼠李属   *Rhamnus* L.

  1519   山绿柴   *Rhamnus brachypoda* C. Y. Wu ex Y. L. Chen et P. K. Chou

  1520   长叶冻绿   *Rhamnus crenata* Sieb. et Zucc.

  1521   贵州鼠李   *Rhamnus esquirolii* Le′vl.

  1522   钩齿鼠李   *Rhamnus lamprophylla* C. K. Schneid.

  1523   薄叶鼠李   *Rhamnus leptophylla* Schneid.

  1524   长柄鼠李   *Rhamnus longipes* Merr. et Chun.

  1525   尼泊尔鼠李   *Rhamnus napalensis*（Wall.）M. A. Lawson

  1526   皱叶鼠李   *Rhamnus rugulosa* Hemsl.

  1527   冻绿   *Rhamnus utilis* Decne.

雀梅藤属   *Sageretia* Brongn.

  1528   钩刺雀梅藤   *Sageretia hamosa*（Wall.）Brongn.

  1529   亮叶雀梅藤   *Sageretia lucida* Merr.

  1530   雀梅藤   *Sageretia thea*（Osbeck）M. C. Johnst.

翼核果属   *Ventilago* Gaertn.

  1531   翼核果   *Ventilago leiocarpa* Benth.

（一五五）胡颓子科   Elaeagnaceae

胡颓子属   *Elaeagnus* Linn.

  1532   长叶胡颓子   *Elaeagnus bockii* Diels

  1533   蔓胡颓子   *Elaeagnus glabra* Thunb.

  1534   角花胡颓子   *Elaeagnus gonyanthes* Benth.

  1535   宜昌胡颓子   *Elaeagnus henryi* Warb. ex Diels

  1536   披针叶胡颓子   *Elaeagnus lanceolata* Warb.

蛇葡萄属		*Ampelopsis* Michaux
1537	蓝果蛇葡萄	*Ampelopsis bodinieri*（H. Lév. et Vaniot）Rehder
1538	广东蛇葡萄	*Ampelopsis cantoniensis*（Hook. et Arn.）K. Koch
1539	羽叶蛇葡萄	*Ampelopsis chaffanjoni*（H. Lév.）Rehder
1540	三裂蛇葡萄	*Ampelopsis delavayana* Planch.
1541	显齿蛇葡萄	*Ampelopsis grossedentata*（Hand. -Mazz.）W. T. Wang
1542	异叶蛇葡萄	*Ampelopsis heterophylla* Siebold et Zucc.
1543	牯岭蛇葡萄	*Ampelopsis heterophylla* Siebold et Zucc. var. *kulingensis*（Rehder）C. L. Li
1544	锈毛蛇葡萄	*Ampelopsis heterophylla* Siebold et Zucc. var. *vestita* Rehder
1545	白蔹	*Ampelopsis japonica*（Thunb.）Makino
1546	大叶蛇葡萄	*Ampelopsis megalophylla* Diels et Gilg
乌蔹莓属		*Cayratia* Juss.
1547	白毛乌蔹莓	*Cayratia albifolia* C. L. Li
1548	角花乌蔹莓	*Cayratia corniculata*（Benth.）Gagnep.
1549	乌蔹莓	*Cayratia japonica*（Thunb.）Gagnep.
白粉藤属		*Cissus* Linn.
1550	苦郎藤	*Cissus assamica*（Laws.）Craib
1551	白粉藤	*Cissus repens* Lam.
地锦属		*Parthenocissus* Planch.
1552	东南爬山虎	*Parthenocissus austro-orientalis* Metc.
1553	异叶地锦	*Parthenocissus dalzielii* Gagnep.
1554	花叶地锦	*Parthenocissus henryana*（Hemsl.）Graebn. ex Diels et Gilg
1555	三叶地锦	*Parthenocissus himalayana*（Wall.）Planch.
1556	绿叶地锦	*Parthenocissus laetevirens* Rehder
*1557	地锦	*Parthenocissus tricuspidata*（Sieb. et zucc.）Planch.
崖爬藤属		*Tetrastigma*（Miq.）Planch.
1558	三叶崖爬藤	*Tetrastigma hemsleyanum* Diels et Gilg
1559	扁担藤	*Tetrastigma planicaule*（Hook. f.）Gagnep.
葡萄属		*Vitis* Linn.
1560	小果葡萄	*Vitis balansana* Planch.
1561	桦叶葡萄	*Vitis betulifolia* Diels et Gilg

1562	蘡薁	*Vitis bryoniifolia* Bunge
1563	东南葡萄	*Vitis chunganensis* Hu
1564	闽赣葡萄	*Vitis chungii* F. P. Metcalf
1565	刺葡萄	*Vitis davidii*（Carr.）Foex.
1566	葛藟葡萄	*Vitis flexuosa* Thunb.
1567	毛葡萄	*Vitis heyneana* Roem. et Schult.
1568	狭叶葡萄	*Vitis tsoi* Merr.
＊1569	葡萄	*Vitis vinifera* L.
1570	网脉葡萄	*Vitis wilsoniae* H. J. Veitch

（一五七）芸香科　　Rutaceae

山油柑属　　*Acronychia* J. R. Forster et G. Forster

1571	山油柑	*Acronychia pedunculata*（L.）Miq.

石椒草属　　*Boenninghausenia* Reichb. ex Meisn.

1572	臭节草	*Boenninghausenia albiflora*（Hook.）Reichb.

柑橘属　　*Citrus* Linn.

＊1573	柠檬	*Citrus limon*（L.）Burm. f.
＊1574	柚	*Citrus maxima*（Burm.）Merr.
＊1575	沙田柚	*Citrus maxima*（Burm.）Merr. cv. *Shatian* Yu
＊1576	香橼	*Citrus medica* L.
＊1577	佛手	*Citrus medica* L. var. *sarcodactylis* Swingle
＊1578	柑橘	*Citrus reticulata* Blanco
＊1579	甜橙	*Citrus sinensis*（L.）Osb.

黄皮属　　*Clausena* Burm. f.

＊1580	黄皮	*Clausena lansium*（Lour.）Skeels

吴茱萸属　　*Evodia* J. R. et G. Forst

1581	华南吴萸	*Evodia austrosinensis* Hand. -Mazz.
1582	臭辣吴萸	*Evodia fargesii* Dode
1583	楝叶吴萸	*Evodia glabrifolia*（Champ. ex Benth.）Huang
1584	三桠苦	*Evodia lepta*（Spreng.）Merr.
1585	吴茱萸	*Evodia rutaecarpa*（Juss.）Benth.

金橘属　　*Fortunella* Swingle

1586	山橘	*Fortunella hindsii*（Champ. ex Benth.）Swingle

＊1587　金柑　　　　　*Fortunella japonica*（Thunb.）Swingle

　1588　金橘　　　　　*Fortunella margarita*（Lour.）Swingle

山小橘属　　　　　***Glycosmis* Correa**

　1589　小花山小橘　　*Glycosmis parviflora*（Sims）Kurz

九里香属　　　　　***Murraya* Koenig ex L.**

＊1590　九里香　　　　*Murraya exotica* L.

茵芋属　　　　　　***Skimmia* Thunb.**

　1591　茵芋　　　　　*Skimmia reevesiana* Fort.

飞龙掌血属　　　　***Toddalia* A. Juss.**

　1592　飞龙掌血　　　*Toddalia asiatica*（L.）Lam.

花椒属　　　　　　***Zanthoxylum* Linn.**

　1593　椿叶花椒　　　*Zanthoxylum ailanthoides* Sieb. et Zucc.

　1594　竹叶花椒　　　*Zanthoxylum armatum* DC.

　1595　岭南花椒　　　*Zanthoxylum austrosinense* Huang

　1596　簕欓花椒　　　*Zanthoxylum avicennae*（Lam.）DC.

＊1597　胡椒木　　　　*Zanthoxylum beecheyanum* K. Koch

　1598　大叶臭花椒　　*Zanthoxylum myriacanthum* Wall. ex Hook. f.

　1599　两面针　　　　*Zanthoxylum nitidum*（Roxb.）DC.

　1600　异叶花椒　　　*Zanthoxylum ovalifolium* Wight

　1601　花椒簕　　　　*Zanthoxylum scandens* Bl.

　1602　青花椒　　　　*Zanthoxylum schinifolium* Sieb. et Zucc.

（一五八）苦木科　　Simaroubaceae

臭椿属　　　　　　***Ailanthus* Desf.**

　1603　臭椿　　　　　*Ailanthus altissima*（Mill.）Swingle

（一五九）橄榄科　　Burseraceae

橄榄属　　　　　　***Canarium* Linn.**

＊1604　橄榄　　　　　*Canarium album*（Lour.）Raeusch.

（一六○）楝科　　Meliaceae

米仔兰属		*Aglaia* Lour.
＊1605	米仔兰	*Aglaia odorata* Lour.
麻楝属		*Chukrasia* A. Juss.
1606	麻楝	*Chukrasia tabularis* A. Juss.
＊1607	毛麻楝	*Chukrasia tabularis* A. Juss. var. *velutina* King
楝属		*Melia* Linn.
1608	楝	*Melia azedarach* L.
桃花心木属		*Swietenia* Jacq.
＊1609	桃花心木	*Swietenia mahagoni*（L.）Jacq.
香椿属		*Toona* Roem.
1610	红椿	*Toona ciliata* M. Roem.
1611	香椿	*Toona sinensis*（Juss.）M. Roem.

（一六一）无患子科　　Sapindaceae

黄梨木属		*Boniodendron* Gagnep.
1612	黄梨木	*Boniodendron minus*（Hemsl.）T. Chen
倒地铃属		*Cardiospermum* Linn.
1613	倒地铃	*Cardiospermum halicacabum* L.
龙眼属		*Dimocarpus* Lour.
＊1614	龙眼	*Dimocarpus longan* Lour.
伞花木属		*Eurycorymbus* Hand. -Mazz.
1615	伞花木	*Eurycorymbus cavaleriei*（Levl.）Rehd. et Hand. -Mazz.
栾树属		*Koelreuteria* Laxm.
＊1616	复羽叶栾树	*Koelreuteria bipinnata* Franch.
1617	全缘叶栾树	*Koelreuteria bipinnata* Franch. var. *integrifoliola*（Merr.）T. Chen
荔枝属		*Litchi* Sonn.
＊1618	荔枝	*Litchi chinensis* Sonn.
无患子属		*Sapindus* Linn.
1619	无患子	*Sapindus mukorossi* Gaertn.

（一六二）伯乐树科　Bretschneideraceae

伯乐树属　*Bretschneidera* Hemsl.

1620　伯乐树　*Bretschneidera sinensis* Hemsl.

（一六三）槭树科　Aceraceae

槭属　*Acer* Linn.

1621　密叶槭　*Acer confertifolium* Merr. et F. P. Metcalf

1622　紫果槭　*Acer cordatum* Pax

1623　小紫果槭　*Acer cordatum* Pax var. *microcordatum* F. P. Metcalf

1624　长柄紫果槭　*Acer cordatum* Pax var. *subtrinervium*（F. P. Metcalf）W. P. Fang

1625　青榨槭　*Acer davidii* Franch.

1626　罗浮槭　*Acer fabri* Hance

1627　楠叶槭　*Acer machilifolium* Hu et Cheng

1628　南岭槭　*Acer metcalfii* Rehd.

1629　两型叶网脉槭　*Acer reticulatum* Champ. ex Benth. var. *dimorphifolium*
（F. P. Metcalf）W. P. Fang et W. K. Hu

1630　中华槭　*Acer sinense* Pax

1631　信宜槭　*Acer sunyiense* W. P. Fang

1632　大埔槭　*Acer taipuense* W. P. Fang

1633　岭南槭　*Acer tutcheri* Duthie

1634　三峡槭　*Acer wilsonii* Rehder

（一六四）清风藤科　Sabiaceae

泡花树属　*Meliosma* Bl.

1635　香皮树　*Meliosma fordii* Hemsl.

1636　腺毛泡花树　*Meliosma glandulosa* Cufod.

1637　异色泡花树　*Meliosma myriantha* Sieb. et Zucc. var. *discolor* Dunn

1638　红柴枝　*Meliosma oldhamii* Maxim.

1639　狭序泡花树　*Meliosma paupera* Hand. -Mazz.

1640　腋毛泡花树　*Meliosma rhoifolia* Maxim. var. *barbulata*（Cufod.）Law

1641　笔罗子　*Meliosma rigida* Sieb. et Zucc.

1642	单叶泡花树	*Meliosma simplicifolia*（Roxb.）Walp.
1643	樟叶泡花树	*Meliosma squamulata* Hance
1644	山樣叶泡花树	*Meliosma thorelii* Lecomte

清风藤属   *Sabia* Colebr.

1645	鄂西清风藤	*Sabia campanulata* Wall. ex Roxb. subsp. *ritchieae*（Rehd. et Wils.）Y. F. Wu
1646	革叶清风藤	*Sabia coriacea* Rehd. et Wils.
1647	灰背清风藤	*Sabia discolor* Dunn
1648	清风藤	*Sabia japonica* Maxim.
1649	中华清风藤	*Sabia japonica* Maxim. var. *sinensis*（Stapf）L. Chen
1650	柠檬清风藤	*Sabia limoniacea* Wall.
1651	长脉清风藤	*Sabia nervosa* Chun ex Y. F. Wu
1652	尖叶清风藤	*Sabia swinhoei* Hemsl.

（一六五）省沽油科   Staphyleaceae

野鸦椿属   *Euscaphis* Sieb. et Zucc.

| 1653 | 野鸦椿 | *Euscaphis japonica*（Thunb.）Kanitz |

山香圆属   *Turpinia* Vent.

1654	锐尖山香圆	*Turpinia arguta*（Lindl.）Seem.
1655	越南山香圆	*Turpinia cochinchinensis*（Lour.）Merr.
1656	山香圆	*Turpinia montana*（Bl.）Kurz.
1657	光山香圆	*Turpinia montana*（Bl.）Kurz. var. *glaberrima*（Merr.）T. Z. Hsu

（一六六）漆树科   Anacardiaceae

南酸枣属   *Choerospondias* Burtt et Hill

| 1658 | 南酸枣 | *Choerospondias axillaris*（Roxb.）B. L. Burtt et A. W. Hill |

杧果属   *Mangifera* L.

| *1659 | 杧果 | *Mangifera indica* L. |

黄连木属   *Pistacia* L.

| 1660 | 黄连木 | *Pistacia chinensis* Bunge |

盐肤木属   *Rhus*（Tourn.）L. emend. Moench

  1661 盐肤木   *Rhus chinensis* Mill.

漆属   *Toxicodendron*（Tourn.）Mill.

  1662 野漆   *Toxicodendron succedaneum*（L.）Kuntze

  1663 木蜡树   *Toxicodendron sylvestre*（Sieb. et Zucc.）Kuntze

（一六七）牛栓藤科　Connaraceae

红叶藤属   *Rourea* Aubl.

  1664 小叶红叶藤   *Rourea microphylla*（Hook. et Arn.）Planch.

  1665 红叶藤   *Rourea minor*（Gaertn.）Leenh.

（一六八）胡桃科　Juglandaceae

青钱柳属   *Cyclocarya* Iljinsk.

  1666 青钱柳   *Cyclocarya paliurus*（Batal.）Iljinsk.

黄杞属   *Engelhardtia* Leschen. ex Bl.

  1667 少叶黄杞   *Engelhardtia fenzlii* Merr.

  1668 黄杞   *Engelhardtia roxburghiana* Wall.

胡桃属   *Juglans* L.

  1669 胡桃   *Juglans regia* L.

枫杨属   *Pterocarya* Kunth

  1670 枫杨   *Pterocarya stenoptera* C. DC.

（一六九）山茱萸科　Cornaceae

桃叶珊瑚属   *Aucuba* Thunb.

  1671 桃叶珊瑚   *Aucuba chinensis* Benth.

  1672 峨眉桃叶珊瑚   *Aucuba chinensis* Benth. subsp. *omeiensis*（Fang）Fang et Soong

四照花属   *Dendrobenthamia* Hutch.

  1673 尖叶四照花   *Dendrobenthamia angustata*（Chun）W. P. Fang

  1674 头状四照花   *Dendrobenthamia capitata*（Wall.）Hutch.

| 1675 | 褐毛四照花 | *Dendrobenthamia ferruginea*（Y. C. Wu）W. P. Fang |
| 1676 | 香港四照花 | *Dendrobenthamia hongkongensis*（Hemsl.）Hutch. |

（一七〇）八角枫科　　Alangiaceae

八角枫属　　***Alangium* Lam.**

1677	八角枫	*Alangium chinense*（Lour.）Harms
1678	毛八角枫	*Alangium kurzii* Craib
1679	云山八角枫	*Alangium kurzii* Crdib var. *handelii*（Schnarf）Fang
1680	广西八角枫	*Alangium kwangsiense* Melch.
1681	瓜木	*Alangium platanifolium*（Siebold et Zucc.）Harms

（一七一）珙桐科　　Nyssaceae

喜树属　　***Camptotheca* Decne.**

| 1682 | 喜树 | *Camptotheca acuminata* Decne. |

蓝果树属　　***Nyssa* Gronov. ex Linn.**

| 1683 | 蓝果树 | *Nyssa sinensis* Oliv. |

（一七二）五加科　　Araliaceae

五加属　　***Acanthopanax* Miq.**

| 1684 | 五加 | *Acanthopanax gracilistylus* W. W. Sm. |
| 1685 | 白簕 | *Acanthopanax trifoliatus*（L.）Merr. |

楤木属　　***Aralia* Linn.**

1686	虎刺楤木	*Aralia armata*（Wall. ex G. Don）Seem.
1687	楤木	*Aralia chinensis* L.
1688	头序楤木	*Aralia dasyphylla* Miq.
1689	黄毛楤木	*Aralia decaisneana* Hance
1690	棘茎楤木	*Aralia echinocaulis* Hand. -Mazz.
1691	长刺楤木	*Aralia spinifolia* Merr.

树参属	*Dendropanax* Dence. et Planch.
1692　树参	*Dendropanax dentiger*（Harms）Merr.
1693　变叶树参	*Dendropanax proteus*（Champ. ex Benth.）Benth.

孔雀木属	*Dizygotheca* L.
1694　孔雀木	*Dizygotheca elegantissima* R. Vig. et Guillaumin

八角金盘属	*Fatsia* Decne. Planch.
*1695　八角金盘	*Fatsia japonica*（Thunb.）Decne. et Planch.

常春藤属	*Hedera* Linn.
*1696　常春藤	*Hedera nepalensis* K. Koch var. *sinensis*（Tobler）Rehder

幌伞枫属	*Heteropanax* Seem.
1697　短梗幌伞枫	*Heteropanax brevipedicellatus* H. L. Li
*1698　幌伞枫	*Heteropanax fragrans*（Roxb.）Seem.

鹅掌柴属	*Schefflera* J. R. Forst. et Forst.
1699　鹅掌藤	*Schefflera arboricola* Hayata
1700　穗序鹅掌柴	*Schefflera delavayi*（Franch.）Harms
1701　星毛鸭脚木	*Schefflera minutistellata* Merr. ex H. L. Li
1702　鹅掌柴	*Schefflera octophylla*（Lour.）Harms

（一七三）伞形花科　Umbelliferae

芹属	*Apium* Linn.
*1703　旱芹	*Apium graveolens* L.

积雪草属	*Centella* Linn.
1704　积雪草	*Centella asiatica*（L.）Urban.

芫荽属	*Coriandrum* L.
*1705　芫荽	*Coriandrum sativum* L.

鸭儿芹属	*Cryptotaenia* DC.
1706　鸭儿芹	*Cryptotaenia japonica* Hassk.

胡萝卜属	*Daucus* Linn.
*1707　胡萝卜	*Daucus carota* L. var. *sativa* Hoffm.

刺芹属	*Eryngium* L.
1708　刺芹	*Eryngium foetidum* L.

茴香属　　　　　　　　　*Foeniculum* Mill.

＊1709　茴香　　　　　　*Foeniculum vulgare* Mill.

天胡荽属　　　　　　　*Hydrocotyle* Lam.

1710　红马蹄草　　　　　*Hydrocotyle nepalensis* Hook.

1711　天胡荽　　　　　　*Hydrocotyle sibthorpioides* Lam.

1712　肾叶天胡荽　　　　*Hydrocotyle wilfordi* Maxim.

水芹属　　　　　　　　*Oenanthe* Linn.

1713　短幅水芹　　　　　*Oenanthe benghalensis*（Roxb.）Benth. et Hook. f.

1714　西南水芹　　　　　*Oenanthe dielsii* H. Boissieu

1715　水芹　　　　　　　*Oenanthe javanica*（Bl.）DC.

山芹属　　　　　　　　*Ostericum* Hoffm.

1716　隔山香　　　　　　*Ostericum citriodorum*（Hance）C. Q. Yuan et Shan

前胡属　　　　　　　　*Peucedanum* Linn.

1717　紫花前胡　　　　　*Peucedanum decursiva*（Miq.）Maxim.

茴芹属　　　　　　　　*Pimpinella* L.

1718　异叶茴芹　　　　　*Pimpinella diversifolia* DC.

变豆菜属　　　　　　　*Sanicula* L.

1719　薄片变豆菜　　　　*Sanicula lamelligera* Hance

1720　直刺变豆菜　　　　*Sanicula orthacantha* S. Moore

窃衣属　　　　　　　　*Torilis* Adans.

1721　破子草　　　　　　*Torilis japonica*（Houtt.）DC.

1722　窃衣　　　　　　　*Torilis scabra*（Thunb.）DC.

（一七四）山柳科　　　Clethraceae

桤叶树属　　　　　　　*Clethra*（Gronov.）Linn.

1723　单毛桤叶树　　　　*Clethra bodinieri* H. Lév.

1724　贵定桤叶树　　　　*Clethra cavaleriei* H. Lév.

（一七五）杜鹃花科　　Ericaceae

吊钟花属　　　　　　　*Enkianthus* Lour.

1725　吊钟花　　　　　　*Enkianthus quinqueflorus* Lour.

白珠树属　　　　　*Gaultheria* Kalm ex Linn.

1726　滇白珠　　　　*Gaultheria leucocarpa* Bl. var. *crenulata*（Kurz）T. Z. Hsu

1727　白珠树　　　　*Gaultheria leucocarpa* Bl. var. *cumingiana*（Vidal）T. Z. Hsu

珍珠花属　　　　　*Lyonia* Nutt.

1728　珍珠花　　　　*Lyonia ovalifolia*（Wall.）Drude

1729　小果珍珠花　　*Lyonia ovalifolia*（Wall.）Drude var. *elliptica*（Sieb. et Zucc.）
　　　　　　　　　　Hand. -Mazz.

1730　狭叶珍珠花　　*Lyonia ovalifolia*（Wall.）Drude var. *lanceolata*（Wall.）
　　　　　　　　　　Hand. -Mazz.

马醉木属　　　　　*Pieris* D. Don

1731　美丽马醉木　　*Pieris formosa*（Wall.）D. Don

1732　马醉木　　　　*Pieris japonica*（Thunb.）D. Don ex G. Don

杜鹃属　　　　　　*Rhododendron* L.

1733　腺萼马银花　　*Rhododendron bachii* Le'vl.

1734　多花杜鹃　　　*Rhododendron cavaleriei* H. Lév.

1735　刺毛杜鹃　　　*Rhododendron championae* Hook.

1736　山荷桃　　　　*Rhododendron championae* Hook. var. *ovatifolium* P. C. Tam

1737　丁香杜鹃　　　*Rhododendron farrerae* Tate ex Sweet

1738　云锦杜鹃　　　*Rhododendron fortunei* Lind.

1739　罗浮杜鹃　　　*Rhododendron henryi* Hance

1740　白马银花　　　*Rhododendron hongkongense* Hutch.

*1741　西洋杜鹃　　　*Rhododendron hybrida* Hort.

1742　广东杜鹃　　　*Rhododendron kwangtungense* Merr. et Chun

1743　鹿角杜鹃　　　*Rhododendron latoucheae* Franch.

1744　南岭杜鹃　　　*Rhododendron levinei* Merr.

1745　紫花杜鹃　　　*Rhododendron mariae* Hance

1746　满山红　　　　*Rhododendron mariesii* Hemsl. et Wils.

1747　小花杜鹃　　　*Rhododendron minutiflorum* Hu

1748　毛棉杜鹃花　　*Rhododendron moulmainense* Hook.

1749　紫薇春　　　　*Rhododendron naamkwanense* Merr. var. *cryptonerve* P. C. Tam

1750　南平杜鹃　　　*Rhododendron nanpingense* P. C. Tam

1751　马银花　　　　*Rhododendron ovatum*（Lindl.）Planch. ex Maxim.

1752　千针叶杜鹃　　*Rhododendron polyraphidoideum* P. C. Tam

*1753　锦绣杜鹃　　　*Rhododendron pulchrum* Sweet

1754　溪畔杜鹃　　　*Rhododendron rivulare* Hand. -Mazz.

1755	茶绒杜鹃	*Rhododendron rufulum* P. C. Tam
1756	猴头杜鹃	*Rhododendron simiarum* Hance
1757	杜鹃	*Rhododendron simsii* Planch.
1758	大埔杜鹃	*Rhododendron taipaoense* T. C. Wu et P. C. Tam
1759	两广杜鹃	*Rhododendron tsoi* Merr.

（一七六）越桔科　　Vacciniaceae

越桔属　　*Vaccinium* Linn.

1760	南烛	*Vaccinium bracteatum* Thunb.
1761	小叶南烛	*Vaccinium bracteatum* Thunb. var. *chinense*（Lodd.）Chun ex Sleumer
1762	短尾越桔	*Vaccinium carlesii* Dunn
1763	广西越桔	*Vaccinium sinicum* Sleumer
1764	刺毛越桔	*Vaccinium trichocladum* Merr. et F. P. Metcalf

（一七七）柿树科　　Ebenaceae

柿属　　*Diospyros* Linn.

1765	岩柿	*Diospyros dumetorum* W. W. Sm.
1766	乌材	*Diospyros eriantha* Champ. ex Benth.
*1767	柿	*Diospyros kaki* Thunb.
1768	野柿	*Diospyros kaki* Thunb. var. *silvestris* Makino
1769	君迁子	*Diospyros lotus* L.
1770	多毛君迁子	*Diospyros lotus* L. var. *mollissima* C. Y. Wu
1771	罗浮柿	*Diospyros morrisiana* Hance
1772	老鸦柿	*Diospyros rhombifolia* Hemsl.
1773	延平柿	*Diospyros tsangii* Merr.
1774	岭南柿	*Diospyros tutcheri* Dunn

（一七八）山榄科　　Sapotaceae

金叶树属　　*Chrysophyllum* Linn.

| 1775 | 金叶树 | *Chrysophyllum lanceolatum*（Bl.）A. DC. var. *stellatocarpon* P. Royen |

铁线子属	**Manilkara** Adans.
*1776 人心果	*Manilkara zapota*（L.）P. Royen
铁榄属	**Sinosideroxylon**（Engl.）Aubr.
1777 铁榄	*Sinosideroxylon pedunculatum*（Hemsl.）H. Chuang

（一七九）紫金牛科　　Myrsinaceae

紫金牛属	**Ardisia** Swartz
1778 九管血	*Ardisia brevicaulis* Diels
1779 小紫金牛	*Ardisia chinensis* Benth.
1780 硃砂根	*Ardisia crenata* Sims
1781 百两金	*Ardisia crispa*（Thunb.）A. DC.
1782 郎伞木	*Ardisia elegans* Andrews
1783 走马胎	*Ardisia gigantifolia* Stapf
1784 大罗伞树	*Ardisia hanceana* Mez
1785 紫金牛	*Ardisia japonica*（Thunb.）Blume
1786 虎舌红	*Ardisia mamillata* Hance
1787 莲座紫金牛	*Ardisia primulifolia* Gardn. et Champ.
1788 山血丹	*Ardisia punctata* Lindl.
1789 九节龙	*Ardisia pusilla* A. DC.
1790 罗伞树	*Ardisia quinquegona* Bl.
酸藤子属	**Embelia** Burm. f.
1791 酸藤子	*Embelia laeta*（Linn.）Mez
1792 长叶酸藤子	*Embelia longifolia*（Benth.）Hemsl.
1793 多脉酸藤子	*Embelia oblongifolia* Hemsl.
1794 当归藤	*Embelia parviflora* Wall. ex A. DC.
1795 白花酸藤果	*Embelia ribes* Burm. f.
1796 网脉酸藤子	*Embelia rudis* Hand. -Mazz.
杜茎山属	**Maesa** Forsk.
1797 杜茎山	*Maesa japonica*（Thunb.）Moritzi et Zoll.
1798 金珠柳	*Maesa montana* A. DC.
1799 鲫鱼胆	*Maesa perlaria*（Lour.）Merr.
1800 柳叶杜茎山	*Maesa salicifolia* E. Walker
1801 软弱杜茎山	*Maesa tenera* Mez

铁仔属		*Myrsine* Linn.
1802	光叶铁仔	*Myrsine stolonifera*（Koidz.）E. Walker
密花树属		*Rapanea* Aubl.
1803	密花树	*Rapanea neriifolia* Mez.

（一八〇）安息香科　Styracaceae

赤杨叶属		*Alniphyllum* Matsum
1804	赤杨叶	*Alniphyllum fortunei*（Hemsl.）Makino
银钟花属		*Halesia* Ellia ex Linn.
1805	银钟花	*Halesia macgregorii* Chun
山茉莉属		*Huodendron* Rehd.
1806	双齿山茉莉	*Huodendron biaristatum*（W. W. Sm.）Rehder
陀螺果属		*Melliodendron* Hand. -Mazz.
1807	陀螺果	*Melliodendron xylocarpum* Hand. -Mazz.
安息香属		*Styrax* Linn.
1808	赛山梅	*Styrax confusus* Hemsl.
1809	白花龙	*Styrax faberi* Perkins
1810	台湾安息香	*Styrax formosanus* Matsum.
1811	大花野茉莉	*Styrax grandiflorus* Griff.
1812	野茉莉	*Styrax japonicus* Siebold et Zucc.
1813	芬芳安息香	*Styrax odoratissima* F. B. Forbes et Hemsl.
1814	栓叶安息香	*Styrax suberifolius* Hook. et Arn.
1815	越南安息香	*Styrax subniveus*（Pierre）Craib ex Hartwich

（一八一）山矾科　Symplocaceae

山矾属		*Symplocos* Jacq.
1816	腺叶山矾	*Symplocos adenophylla* Wall.
1817	腺柄山矾	*Symplocos adenopus* Hance
1818	薄叶山矾	*Symplocos anomala* Brand
1819	华山矾	*Symplocos chinensis*（Lour.）Druce
1820	越南山矾	*Symplocos cochinchinensis*（Lour.）S. Moore

1821	南岭山矾	*Symplocos confusa* Brand
1822	密花山矾	*Symplocos congesta* Benth.
1823	厚皮灰木	*Symplocos crassifolia* Benth.
1824	美山矾	*Symplocos decora* Hance
1825	羊舌树	*Symplocos glauca*（Thunb.）Koidz.
1826	光叶山矾	*Symplocos lancifolia* Sieb. et Zucc.
1827	黄牛奶树	*Symplocos laurina*（Retz.）Wall.
1828	白檀	*Symplocos paniculata*（Thunb.）Miq.
1829	铁山矾	*Symplocos pseudobarberina* Gontsch.
1830	珠仔树	*Symplocos racemosa* Roxb.
1831	老鼠矢	*Symplocos stellaris* Brand
1832	山矾	*Symplocos sumuntia* Buch. -Ham. ex D. Don
1833	卷毛山矾	*Symplocos ulotricha* Ling
1834	绿枝山矾	*Symplocos viridissima* Brand
1835	微毛山矾	*Symplocos wikstroemiifolia* Hayata

（一八二）马钱科　Loganiaceae

醉鱼草属　*Buddleja*（Buddleia auct.）Linn.

| 1836 | 白背枫 | *Buddleja asiatica* Lour. |
| 1837 | 醉鱼草 | *Buddleja lindleyana* Fortune |

灰莉属　*Fagraea* Thunb.

| *1838 | 灰莉 | *Fagraea ceilanica* Thunb. |

蓬莱葛属　*Gardneria* Wall.

| 1839 | 柳叶蓬莱葛 | *Gardneria lanceolata* Rehder et E. H. Wilson |

钩吻属　*Gelsemium* Juss.

| 1840 | 钩吻 | *Gelsemium elegans*（Gardner et Chapm.）Benth. |

度量草属　*Mitreola* Linn.

| 1841 | 度量草 | *Mitreola petiolata*（J. F. Gmel.）Torr. et A. Gray |

马钱属　*Strychnos* Linn.

| 1842 | 牛眼马钱 | *Strychnos angustiflora* Benth. |
| 1843 | 华马钱 | *Strychnos cathayensis* Merr. |

流苏树属　　*Chionanthus* Linn.

　1844　流苏树　　*Chionanthus retusus* Lindl. et Paxton

梣属　　*Fraxinus* Linn.

　1845　白蜡树　　*Fraxinus chinensis* Roxb.

　1846　多花梣　　*Fraxinus floribunda* Wall.

　1847　苦枥木　　*Fraxinus insularis* Hemsl.

素馨属　　*Jasminum* Linn.

　1848　清香藤　　*Jasminum lanceolarium* Roxb.

＊1849　野迎春　　*Jasminum mesnyi* Hance

＊1850　茉莉花　　*Jasminum sambac*（L.）Aiton.

　1851　华素馨　　*Jasminum sinense* Hemsl.

女贞属　　*Ligustrum* Linn.

　1852　华女贞　　*Ligustrum lianum* P. S. Hsu

＊1853　女贞　　*Ligustrum lucidum* Ait.

　1854　小蜡　　*Ligustrum sinense* Lour.

　1855　光萼小蜡　　*Ligustrum sinense* Lour var. *myrianthum*（Diels）Hofk.

李榄属　　*Linociera* Sw.

　1856　枝花李榄　　*Linociera ramiflora*（Roxb.）Wall.

木犀榄属　　*Olea* Linn.

＊1857　尖叶木犀榄　　*Olea cuspidata* Royle

　1858　异株木犀榄　　*Olea dioica* Roxb.

木犀属　　*Osmanthus* Lour.

　1859　双瓣木犀　　*Osmanthus didymopetalus* P. S. Green

＊1860　木犀　　*Osmanthus fragrans*（Thunb.）Lour.

　1861　厚边木犀　　*Osmanthus marginatus*（Champ. ex Benth.）Hemsl.

　1862　小叶月桂　　*Osmanthus minor* P. S. Green

　1863　毛柄木犀　　*Osmanthus pubipedicellatus* L. C. Chia ex H. T. Chang

　1864　网脉木犀　　*Osmanthus reticulatus* P. S. Green

（一八四）夹竹桃科　Apocynaceae

黄蝉属　　　　　　　　*Allemanda* Linn.

* 1865　软枝黄蝉　　　*Allemanda cathartica* L.

* 1866　黄蝉　　　　　*Allemanda neriifolia* Hook.

鸡骨常山属　　　　　　*Alstonia* R. Br.

* 1867　糖胶树　　　　*Alstonia scholaris*（L.）R. Br.

链珠藤属　　　　　　　*Alyxia* Banks ex R. Br.

1868　链珠藤　　　　　*Alyxia sinensis* Champ. ex Benth.

鳝藤属　　　　　　　　*Anodendron* A. DC.

1869　鳝藤　　　　　　*Anodendron affine*（Hook. et Arn.）Druce

长春花属　　　　　　　*Catharanthus* G. Don

* 1870　长春花　　　　*Catharanthus roseus*（L.）G. Don.

海杧果属　　　　　　　*Cerbera* Linn.

* 1871　海杧果　　　　*Cerbera manghas* L.

花皮胶藤属　　　　　　*Ecdysanthera* Hook. et Arn.

1872　酸叶胶藤　　　　*Ecdysanthera rosea* Hook. et Arn.

1873　花皮胶藤　　　　*Ecdysanthera utilis* Hayata et Kawak.

狗牙花属　　　　　　　*Ervatamia*（A. DC.）Stapf

* 1874　狗牙花　　　　*Ervatamia divaricata*（L.）Burk. cv. *Gouyahua*

蕊木属　　　　　　　　*Kopsia* Bl.

1875　蕊木　　　　　　*Kopsia lancibracteolata* Merr.

山橙属　　　　　　　　*Melodinus* J. R. Forst. et G. Forst.

1876　尖山橙　　　　　*Melodinus fusiformis* Champ. ex Benth.

1877　山橙　　　　　　*Melodinus suaveolens*（Hance）Champ. ex Benth.

夹竹桃属　　　　　　　*Nerium* Linn.

* 1878　夹竹桃　　　　*Nerium indicum* Mill.

* 1879　白花夹竹桃　　*Nerium indicum* Mill. cv. *Paihua*

鸡蛋花属　　　　　　　*Plumeria* Linn.

* 1880　红鸡蛋花　　　*Plumeria rubra* L.

* 1881　鸡蛋花　　　　*Plumeria rubra* L. cv. *Acutifolia*

帘子藤属   *Pottsia* Hook. et Arn.

    1882   帘子藤   *Pottsia laxiflora*（Blume）Kuntze

萝芙木属   *Rauvolfia* Linn.

    1883   萝芙木   *Rauvolfia verticillata*（Lour.）Baill.

羊角拗属   *Strophanthus* DC.

    1884   羊角拗   *Strophanthus divaricatus*（Lour.）Hook. et Arn.

黄花夹竹桃属   *Thevetia* Linn.

   *1885   黄花夹竹桃   *Thevetia peruviana*（Pers.）K. Schum.

络石属   *Trachelospermum* Lem.

    1886   紫花络石   *Trachelospermum axillare* Hook. f.

    1887   细梗络石   *Trachelospermum gracilipes* Hook. f.

    1888   络石   *Trachelospermum jasminoides*（Lindl.）Lem.

    1889   石血   *Trachelospermum jasminoides*（Lindl.）Lem. var. *heterophyllum* Tsiang

盆架树属   *Winchia* A. DC.

   *1890   盆架树   *Winchia calophylla* A. DC.

（一八五）萝摩科   Asclepiadaceae

马利筋属   *Asclepias* Linn.

   *1891   马利筋   *Asclepias curassavica* L.

白叶藤属   *Cryptolepis* R. Br.

    1892   白叶藤   *Cryptolepis sinensis*（Lour.）Merr.

鹅绒藤属   *Cynanchum* Linn.

    1893   牛皮消   *Cynanchum auriculatum* Royle ex Wight

    1894   刺瓜   *Cynanchum corymbosum* Wight

    1895   徐长卿   *Cynanchum paniculatum*（Bunge）Kitag.

    1896   柳叶白前   *Cynanchum stauntonii*（Decne.）Schltr. ex H. Lév.

眼树莲属   *Dischidia* R. Br.

    1897   眼树莲   *Dischidia chinensis* Champ. ex Benth.

匙羹藤属   *Gymnema* R. Br.

    1898   匙羹藤   *Gymnema sylvestre*（Retz.）Schult.

醉魂藤属　　　　　　　　*Heterostemma* Wight et Arn.

1899　醉魂藤　　　　　*Heterostemma alatum* Wight et Arn.

铰剪藤属　　　　　　　　*Holostemma* R. Br.

1900　铰剪藤　　　　　*Holostemma annulare*（Roxb.）K. Schum.

球兰属　　　　　　　　　*Hoya* R. Br.

1901　球兰　　　　　　*Hoya carnosa*（L. f.）R. Br.

牛奶菜属　　　　　　　　*Marsdenia* R. Br.

1902　牛奶菜　　　　　*Marsdenia sinensis* Hemsl.

夜来香属　　　　　　　　*Telosma* Coville

＊1903　夜来香　　　　*Telosma cordata*（Burm. f.）Merr.

娃儿藤属　　　　　　　　*Tylophora* R. Br.

1904　七层楼　　　　　*Tylophora floribunda* Miq.

1905　通天连　　　　　*Tylophora koi* Merr.

1906　娃儿藤　　　　　*Tylophora ovata*（Lindl.）Hook. ex Steud.

（一八六）茜草科　　　　Rubiaceae

水团花属　　　　　　　　*Adina* Salisb.

1907　水团花　　　　　*Adina pilulifera*（Lam.）Franch. ex Drake

1908　细叶水团花　　　*Adina rubella* Hance

茜树属　　　　　　　　　*Aidia* Lour.

1909　香楠　　　　　　*Aidia canthioides*（Champ. ex Benth.）Masam.

1910　茜树　　　　　　*Aidia cochinchinensis* Lour.

1911　多毛茜草树　　　*Aidia pycnantha*（Drake）Tirveng.

白香楠属　　　　　　　　*Alleizettella* Pitard

1912　白果香楠　　　　*Alleizettella leucocarpa*（Champ. ex Benth.）Tirveng.

丰花草属　　　　　　　　*Borreria* G. Mey. nom. cons.

1913　丰花草　　　　　*Borreria stricta*（L. f.）G. Mey.

鱼骨木属　　　　　　　　*Canthium* Lam.

1914　鱼骨木　　　　　*Canthium dicoccum*（Gaertn.）Merr.

山石榴属　　　　　　　　*Catunaregam* Wolf

1915　山石榴　　　　　*Catunaregam spinosa*（Thunb.）Tirveng.

风箱树属　　　　　　　*Cephalanthus* Linn.

　1916　风箱树　　　　　*Cephalanthus tetrandrus*（Roxb.）Ridsdale et Bakh. f.

流苏子属　　　　　　　*Coptosapelta* Korth.

　1917　流苏子　　　　　*Coptosapelta diffusa*（Champ. ex Benth.）Steenis

虎刺属　　　　　　　　*Damnacanthus* Gaertn. f.

　1918　虎刺　　　　　　*Damnacanthus indicus* C. F. Gaertn.

狗骨柴属　　　　　　　*Diplospora* DC.

　1919　狗骨柴　　　　　*Diplospora dubia*（Lindl.）Masam.

　1920　毛狗骨柴　　　　*Diplospora fruticosa* Hemsl.

拉拉藤属　　　　　　　*Galium* Linn.

　1921　拉拉藤　　　　　*Galium aparine* L. var. *echinospermum*（Wallr.）Cuf.

　1922　猪殃殃　　　　　*Galium aparine* L. var. *tenerum*（Gren. et Godr）Rchb.

　1923　四叶葎　　　　　*Galium bungei* Steud.

栀子属　　　　　　　　*Gardenia* Ellis，nom. cons.

　1924　栀子　　　　　　*Gardenia jasminoides* J. Ellis

　1925　狭叶栀子　　　　*Gardenia stenophylla* Merr.

爱地草属　　　　　　　*Geophila* D. Don

　1926　爱地草　　　　　*Geophila herbacea* K. Schum.

长隔木属　　　　　　　*Hamelia* Jacq.

　＊1927　长隔木　　　　*Hamelia patens* Jacq.

耳草属　　　　　　　　*Hedyotis* Linn.

　1928　金草　　　　　　*Hedyotis acutangula* Champ. ex Benth.

　1929　广花耳草　　　　*Hedyotis ampliflora* Hance

　1930　耳草　　　　　　*Hedyotis auricularia* L.

　1931　剑叶耳草　　　　*Hedyotis caudatifolia* Merr. et F. P. Metcalf

　1932　金毛耳草　　　　*Hedyotis chrysotricha*（Palib.）Merr.

　1933　伞房花耳草　　　*Hedyotis corymbosa*（L.）Lam.

　1934　白花蛇舌草　　　*Hedyotis diffusa* Willd.

　1935　牛白藤　　　　　*Hedyotis hedyotidea*（DC.）Merr.

　1936　疏花耳草　　　　*Hedyotis matthewii* Dunn

　1937　粗毛耳草　　　　*Hedyotis mellii* Tutcher

　1938　纤花耳草　　　　*Hedyotis tenelliflora* Bl.

　1939　细梗耳草　　　　*Hedyotis tenuipes* Hemsl.

| 1940 | 粗叶耳草 | *Hedyotis verticillata*（L.）Lam. |

龙船花属   *Ixora* Linn.

| *1941 | 龙船花 | *Ixora chinensis* Lam. |

红芽大戟属   *Knoxia* Linn.

| 1942 | 红芽大戟 | *Knoxia corymbosa* Willd. |

粗叶木属   *Lasianthus* Jack.

1943	伏毛粗叶木	*Lasianthus appressihirtus* Simizu
1944	粗叶木	*Lasianthus chinensis* Benth.
1945	焕镛粗叶木	*Lasianthus chunii* Lo
1946	广东粗叶木	*Lasianthus curtisii* King et Gamble
1947	罗浮粗叶木	*Lasianthus fordii* Hance
1948	毛枝粗叶木	*Lasianthus fordii* Hance var. *trichocladus* Lo
1949	西南粗叶木	*Lasianthus henryi* Hutch.
1950	日本粗叶木	*Lasianthus japonicus* Miq.
1951	榄绿粗叶木	*Lasianthus japonicus* Miq. var. *lancilimbus*（Merr.）Lo
1952	曲毛日本粗叶木	*Lasianthus japonicus* Miq. var. *satsumensis*（Matsum.）Makino
1953	黄毛粗叶木	*Lasianthus koi* Merr. et Chun
1954	钟萼粗叶木	*Lasianthus trichophlebus* Hemsl.
1955	斜基粗叶木	*Lasianthus wallichii*（Wight et Arn.）Wight

黄棉木属   *Metadina* Bakh. f.

| 1956 | 黄棉木 | *Metadina trichotoma*（Zoll. et Moritzi）Bakh. f. |

巴戟天属   *Morinda* Linn.

1957	糠藤	*Morinda howiana* S. Y. Hu
1958	巴戟天	*Morinda officinalis* How
1959	鸡眼藤	*Morinda parvifolia* Bartl. ex DC.
1960	假巴戟	*Morinda shuanghuaensis* C. Y. Chen et M. S. Huang
1961	印度羊角藤	*Morinda umbellata* L.
1962	羊角藤	*Morinda umbellata* L. subsp. *obovata* Y. Z. Ruan

玉叶金花属   *Mussaenda* Linn.

1963	异形玉叶金花	*Mussaenda anomala* L.
1964	楠藤	*Mussaenda erosa* Champ. ex Benth.
1965	大叶白纸扇	*Mussaenda esquirolii* H. Lév.
1966	广东玉叶金花	*Mussaenda kwangtungensis* Li
1967	玉叶金花	*Mussaenda pubescens* W. T. Aiton

腺萼木属		*Mycetia* Reinw.
1968	革叶腺萼木	*Mycetia coriacea*（Dunn）Merr.
1969	华腺萼木	*Mycetia sinensis*（Hemsl.）Graib
乌檀属		*Nauclea* Linn.
1970	乌檀	*Nauclea officinalis*（Pierre ex Pit.）Merr. et Chun
新耳草属		*Neanotis* Lewis
1971	薄叶新耳	*Neanotis hirsuta*（L. f.）W. H. Lewis
薄柱草属		*Nertera* Banks ex J. Gaertn. nom. cons.
1972	薄柱草	*Nertera sinensis* Hemsl.
蛇根草属		*Ophiorrhiza* Linn.
1973	广州蛇根草	*Ophiorrhiza cantonensis* Hance
1974	中华蛇根草	*Ophiorrhiza chinensis* Lo
1975	溪畔蛇根草	*Ophiorrhiza humilis* Y. Q. Tseng
1976	日本蛇根草	*Ophiorrhiza japonica* Bl.
1977	东南蛇根草	*Ophiorrhiza mitchelloides*（Masam.）Lo
1978	短小蛇根草	*Ophiorrhiza pumila* champ. ex Benth.
鸡矢藤属		*Paederia* Linn.
1979	白毛鸡矢藤	*Paederia pertomentosa* Merr. ex Li
1980	鸡矢藤	*Paederia scandens*（Lour.）Merr.
1981	毛鸡矢藤	*Paederia scandens*（Lour.）Merr. var. *tomentosa*（Bl.）Hand. -Mazz.
1982	狭序鸡矢藤	*Paederia stenobotrya* Merr.
1983	云南鸡矢藤	*Paederia yunnanensis*（H. Lév.）Rehd.
槽裂木属		*Pertusadina* Ridsd.
1984	海南槽裂木	*Pertusadina hainanensis*（F. C. How）Ridsdale
九节属		*Psychotria* Linn.
1985	溪边九节	*Psychotria fluviatilis* Chun ex W. C. Chen
1986	九节	*Psychotria rubra*（Lour.）Poir.
1987	蔓九节	*Psychotria serpens* Linn.
1988	黄脉九节	*Psychotria straminea* Hutch.
1989	假九节	*Psychotria tutcheri* Dunn
茜草属		*Rubia* Linn.
1990	茜草	*Rubia cordifolia* L.

白马骨属	*Serissa* Comm. ex Juss.
1991 白马骨	*Serissa serissoides*（DC.）Druce
鸡仔木属	*Sinoadina* Ridsd.
1992 鸡仔木	*Sinoadina racemosa*（Sieb. et Zucc.）Ridsd.
螺序草属	*Spiradiclis* Bl.
1993 两广螺序草	*Spiradiclis fusca* Lo
乌口树属	*Tarenna* Gaertn.
1994 尖萼乌口树	*Tarenna acutisepala* F. C. How ex W. C. Chen
1995 白花苦灯笼	*Tarenna mollissima*（Hook. et Arn.）B. L. Rob.
钩藤属	*Uncaria* Schreber nom. cons.
1996 毛钩藤	*Uncaria hirsuta* Havil.
1997 钩藤	*Uncaria rhynchophylla*（Miq.）Miq. ex Havil.
水锦树属	*Wendlandia* Bartl. ex DC. nom. cons.
1998 柳叶水锦树	*Wendlandia salicifolia* Franch. ex Drake

（一八七）忍冬科　　Caprifoliaceae

六道木属	*Abelia* R. Br.
1999 糯米条	*Abelia chinensis* R. Br.
忍冬属	*Lonicera* Linn.
2000 华南忍冬	*Lonicera confusa*（Sweet）DC.
2001 菰腺忍冬	*Lonicera hypoglauca* Miq.
2002 忍冬	*Lonicera japonica* Thunb.
2003 大花忍冬	*Lonicera macrantha*（D. Don）Spreng.
2004 灰毡毛忍冬	*Lonicera macranthoides* Hand. -Mazz.
2005 皱叶忍冬	*Lonicera rhytidophylla* Hand. -Mazz.
2006 细毡毛忍冬	*Lonicera similis* Hemsl.
接骨木属	*Sambucus* Linn.
2007 接骨草	*Sambucus chinensis* Lindl.
荚蒾属	*Viburnum* Linn.
2008 桦叶荚蒾	*Viburnum betulifolium* Batalin
2009 短序荚蒾	*Viburnum brachybotryum* Hemsl.
2010 毛枝金腺荚蒾	*Viburnum chunii* P. S. Hsu var. *piliferum* P. S. Hsu
2011 荚蒾	*Viburnum dilatatum* Thunb.
2012 宜昌荚蒾	*Viburnum erosum* Thunb.

2013	南方荚蒾	*Viburnum fordiae* Hance
2014	蝶花荚蒾	*Viburnum hanceanum* Maxim.
2015	淡黄荚蒾	*Viburnum lutescens* Blume
2016	吕宋荚蒾	*Viburnum luzonicum* Rolfe
2017	珊瑚树	*Viburnum odoratissimum* Ker Gawl.
2018	蝴蝶荚蒾	*Viburnum plicatum* Thunb. var. *tomentosum* Miq.
2019	常绿荚蒾	*Viburnum sempervirens* K. Koch

（一八八）败酱科　　Valerianaceae

败酱属　　***Patrinia* Juss.**

| 2020 | 败酱 | *Patrinia scabiosifolia* Fisch. ex Trevir. |
| 2021 | 攀倒甑 | *Patrinia villosa*（Thunb.）Juss. |

（一八九）菊科　　Compositae

下田菊属　　***Adenostemma* J. R. Forst. et G. Forst.**

| 2022 | 下田菊 | *Adenostemma lavenia*（L.）O. Kuntze |

藿香蓟属　　***Ageratum* L.**

| 2023 | 胜红蓟 | *Ageratum conyzoides* L. |
| 2024 | 熊耳草 | *Ageratum houstonianum* Mill. |

兔耳风属　　***Ainsliaea* DC.**

| 2025 | 杏香兔耳风 | *Ainsliaea fragrans* Champ. ex Benth. |
| 2026 | 灯台兔耳风 | *Ainsliaea macroclinidioides* Hayata |

豚草属　　***Ambrosia* L.**

| 2027 | 豚草 | *Ambrosia artemisiifolia* L. |

山黄菊属　　***Anisopappus* Hook. et Arn.**

| 2028 | 山黄菊 | *Anisopappus chinensis*（L.）Hook. et Arn. |

蒿属　　***Artemisia* Linn. Sensu stricto, excl. Sect. Seriphidium Bess.**

2029	黄花蒿	*Artemisia annua* L.
2030	奇蒿	*Artemisia anomala* S. Moore
2031	艾	*Artemisia argyi* Levl. et Vant.

2032	茵陈蒿	*Artemisia capillaris* Thunb.
2033	青蒿	*Artemisia carvifolia* Buch. -Ham. ex Roxb.
2034	南牡蒿	*Artemisia eriopoda* Bunge
2035	五月艾	*Artemisia indica* Willd.
2036	牡蒿	*Artemisia japonica* Thunb.
2037	白苞蒿	*Artemisia lactiflora* Wall. ex DC.
2038	矮蒿	*Artemisia lancea* Vaniot
2039	猪毛蒿	*Artemisia scoparia* Waldst. et Kit.

紫菀属　　　　　*Aster* Linn.

2040	三脉紫菀	*Aster ageratoides* Turcz.
2041	三脉紫菀—微糙变种	*Aster ageratoides* Turcz. var. *scaberulus*（Miq.）Ling
2042	白舌紫菀	*Aster baccharoides*（Benth.）Steetz
2043	褐毛紫菀	*Aster fuscescens* Bur. et Franch.
2044	紫菀	*Aster tataricus* L. f.
2045	东俄洛紫菀	*Aster tongolensis* Franch.

雏菊属　　　　　*Bellis* L.

| *2046 | 雏菊 | *Bellis perennis* L. |

鬼针草属　　　　　*Bidens* L.

2047	婆婆针	*Bidens bipinnata* Linn.
2048	鬼针草	*Bidens pilosa* L.
2049	白花鬼针草	*Bidens pilosa* L. var. *radiata* Sch. -Bip.
2050	狼杷草	*Bidens tripartita* L.

百能葳属　　　　　*Blainvillea* Cass.

| 2051 | 百能葳 | *Blainvillea acmella*（L.）Phillipson |

艾纳香属　　　　　*Blumea* DC.

2052	七里明	*Blumea clarkei* Hook. f.
2053	见霜黄	*Blumea lacera*（Burm. f.）DC.
2054	六耳铃	*Blumea laciniata*（Roxb.）DC.
2055	裂苞艾纳香	*Blumea martiniana* vaniot
2056	东风草	*Blumea megacephala*（Randeria）Chang et Y. C. Tseng
2057	柔毛艾纳香	*Blumea mollis*（D. Don）Merr.
2058	长圆叶艾纳香	*Blumea oblongifolia* Kitam.
2059	拟毛毡草	*Blumea sericans*（Kurz）Hook. f.

翠菊属　　　　　*Callistephus* Cass.

| *2060 | 翠菊 | *Callistephus chinensis*（L.）Nees |

天名精属 **Carpesium** L.

    2061   金挖耳   *Carpesium divaricatum* Sieb. et Zucc.

石胡荽属 **Centipeda** Lour.

    2062   石胡荽   *Centipeda minima*（L.）A. Braun et Asch.

茼蒿属 **Chrysanthemum** Linn.

   *2063   茼蒿   *Chrysanthemum coronarium* L.

蓟属 **Cirsium** Mill.

    2064   蓟   *Cirsium japonicum* Fisch. ex DC.

    2065   刺儿菜   *Cirsium setosum*（Willd.）Bess. ex M. Bieb.

    2066   牛口刺   *Cirsium shansiense* Petr.

白酒草属 **Conyza** Less.

    2067   香丝草   *Conyza bonariensis*（L.）Cronq.

    2068   小蓬草   *Conyza canadensis*（L.）Cronq.

    2069   白酒草   *Conyza japonica*（Thunb.）Less.

    2070   粘毛白酒草   *Conyza leucantha*（D. Don）Ludlow et Raven

金鸡菊属 **Coreopsis** L.

   *2071   剑叶金鸡菊   *Coreopsis lanceolata* L.

   *2072   两色金鸡菊   *Coreopsis tinctoria* Nutt.

秋英属 **Cosmos** Cav.

    2073   秋英   *Cosmos bipinnata* Cav.

野茼蒿属 **Crassooephalum** Moench.

    2074   野茼蒿   *Crassocephalum crepidioides*（Benth.）S. Moore

大丽花属 **Dahlia** Cav.

   *2075   大丽花   *Dahlia pinnata* Cav.

菊属 **Dendranthema**（DC.）Des Monl.

    2076   野菊   *Dendranthema indicum*（L.）Des Moul.

   *2077   菊花   *Dendranthema morifolium*（Ramat.）Tzvel.

鱼眼草属 **Dichrocephala** DC.

    2078   鱼眼草   *Dichrocephala auriculata*（Thunb.）Druce

    2079   小鱼眼草   *Dichrocephala benthamii* C. B. Clarke

东风菜属 **Doellingeria** Nees

    2080   东风菜   *Doellingeria scaber*（Thunb.）Nees

鳢肠属	*Eclipta* L.
2081 鳢肠	*Eclipta prostrata*（L.）L.

地胆草属	*Elephantopus* Linn.
2082 地胆草	*Elephantopus scaber* Linn.
2083 白花地胆草	*Elephantopus tomentosus* Linn.

一点红属	*Emilia* Cass.
2084 小一点红	*Emilia prenanthoidea* DC.
2085 一点红	*Emilia sonchifolia*（L.）DC.

球菊属	*Epaltes* Cass.
2086 鹅不食草	*Epaltes australis* Less.

泽兰属	*Eupatorium* L.
2087 多须公	*Eupatorium chinense* L.
2088 白头婆	*Eupatorium japonicum* Thunb.
2089 林泽兰	*Eupatorium lindleyanum* DC.

牛膝菊属	*Galinsoga* Ruiz et Cav.
2090 牛膝菊	*Galinsoga parviflora* Cav.

大丁草属	*Gerbera* Cass.
*2091 非洲菊	*Gerbera jamesonii* Bolus ex Hook.
2092 毛大丁草	*Gerbera piloselloides*（L.）Cass.

鼠麴草属	*Gnaphalium* Linn.
2093 宽叶鼠麴草	*Gnaphalium adnatum*（Wall. ex DC.）Kitam.
2094 鼠麴草	*Gnaphalium affine* D. Don
2095 秋鼠麴草	*Gnaphalium hypoleucum* DC.
2096 同白秋鼠麴草	*Gnaphalium hypoleucum* DC. var. *amoyense*（Hance）Hand. -Mazz.
2097 细叶鼠麴草	*Gnaphalium japonicum* Thunb.
2098 匙叶鼠麴草	*Gnaphalium pensylvanicum* Willd.
2099 多茎鼠麴草	*Gnaphalium polycaulon* Pers.

菊三七属	*Gynura* Cass. nom. cons.
2100 红凤菜	*Gynura bicolor*（Roxb. ex Willd.）DC.
2101 白子菜	*Gynura divaricata*（L.）DC.

向日葵属	*Helianthus* L.
*2102 向日葵	*Helianthus annuus* L.

泥胡菜属	*Hemisteptia* Bunge
2103　泥胡菜	*Hemisteptia lyrata*（Bunge）Bunge

旋覆花属	*Inula* Linn.
2104　羊耳菊	*Inula cappa*（Buch. -Ham. ex D. Don）DC.
2105　水朝阳旋覆花	*Inula helianthus-aquatica* C. Y. Wu

小苦荬属	*Ixeridium*（A. Gray）Tzvel.
2106　中华小苦荬	*Ixeridium chinense*（Thunb.）Tzvel.
2107　褐冠小苦荬	*Ixeridium laevigatum*（Blume）C. Shih
2108　抱茎小苦荬	*Ixeridium sonchifolium*（Maxim.）Shih

苦荬菜属	*Ixeris* Cass.
2109　细叶苦荬菜	*Ixeris gracilis*（DC.）Shih
2110　剪刀股	*Ixeris japonica*（Burm. f.）Nakai

马兰属	*Kalimeris* Cass.
2111　马兰	*Kalimeris indica*（L.）Sch. -Bip.
2112　全叶马兰	*Kalimeris integrifolia* Turcz. ex DC.

莴苣属	*Lactuca* L.
*2113　莴苣	*Lactuca sativa* L.

六棱菊属	*Laggera* Sch. -Bip. ex Hochst.
2114　六棱菊	*Laggera alata*（D. Don）Sch. -Bip. ex Oliv.

假福王草属	*Paraprenanthes* Chang ex Shih
2115　假福王草	*Paraprenanthes sororia*（Miq.）Shih

银胶菊属	*Parthenium* L.
2116　银胶菊	*Parthenium hysterophorus* L.

瓜叶菊属	*Pericallis* D. Don
*2117　瓜叶菊	*Pericallis hybrida*（Regel）B. Nord.

帚菊属	*Pertya* Sch. -Bip.
2118　心叶帚菊	*Pertya cordifolia* Mattf.
2119　聚头帚菊	*Pertya desmocephala* Diels
2120　长花帚菊	*Pertya glabrescens* Sch. -Bip.
2121　腺叶帚菊	*Pertya pubescens* Ling

福王草属	*Prenanthes* Linn.
2122　福王草	*Prenanthes tatarinowii* Maxim.

翅果菊属   *Pterocypsela* Shih

  2123   高大翅果菊   *Pterocypsela elata*（Hemsl.）Shih

  2124   台湾翅果菊   *Pterocypsela formosana*（Maxim.）Shih

风毛菊属   *Saussurea* DC.

  2125   庐山风毛菊   *Saussurea bullockii* Dunn

  2126   三角叶风毛菊   *Saussurea deltoidea*（DC.）Sch. -Bip.

千里光属   *Senecio* L.

  2127   千里光   *Senecio scandens* Buch. -Ham. ex D. Don

  2128   闽粤千里光   *Senecio stauntonii* DC.

麻花头属   *Serratula* L.

  2129   华麻花头   *Serratula chinensis* S. Moore

虾须草属   *Sheareria* S. Moore

  2130   虾须草   *Sheareria nana* S. Moore

豨莶属   *Siegesbeckia* L.

  2131   豨莶   *Siegesbeckia orientalis* L.

一枝黄花属   *Solidago* L.

  2132   一枝黄花   *Solidago decurrens* Lour.

裸柱菊属   *Soliva* Ruiz et Pavon.

  2133   裸柱菊   *Soliva anthemifolia*（Juss.）R. Br.

苦苣菜属   *Sonchus* L.

  2134   苣荬菜   *Sonchus arvensis* L.

金钮扣属   *Spilanthes* Jacq.

  2135   金钮扣   *Spilanthes paniculata* Wall. ex DC.

金腰箭属   *Synedrella* Gaertn.

  2136   金腰箭   *Synedrella nodiflora*（L.）Gaertn.

万寿菊属   *Tagetes* L.

 *2137   万寿菊   *Tagetes erecta* L.

 *2138   孔雀草   *Tagetes patula* L.

肿柄菊属   *Tithonia* Desf. ex Juss.

  2139   肿柄菊   *Tithonia diversifolia* A. Gray

斑鸠菊属   *Vernonia* Schreb.

  2140   糙叶斑鸠菊   *Vernonia aspera*（Roxb.）Buch. -Ham.

2141	夜香牛	*Vernonia cinerea*（L.）Less.
2142	毒根斑鸠菊	*Vernonia cumingiana* Benth.
2143	咸虾花	*Vernonia patula*（Dryand.）Merr.
2144	茄叶斑鸠菊	*Vernonia solanifolia* Benth.

蟛蜞菊属　　　　　*Wedelia* Jacp.

| 2145 | 蟛蜞菊 | *Wedelia chinensis*（Osbeck）Merr. |
| *2146 | 南美蟛蜞菊 | *Wedelia trilobata*（Linnaeus）Hitchcock |

苍耳属　　　　　*Xanthium* L.

| 2147 | 苍耳 | *Xanthium sibiricum* Patrin ex Widder |

黄鹌菜属　　　　　*Youngia* Cass.

| 2148 | 黄鹌菜 | *Youngia japonica*（L.）DC. |

（一九〇）龙胆科　　　Gentianaceae

蔓龙胆属　　　　　*Crawfurdia* Wall.

| 2149 | 福建蔓龙胆 | *Crawfurdia pricei*（Marq.）H. Smith |

藻百年属　　　　　*Exacum* L.

| 2150 | 藻百年 | *Exacum tetragonum* Roxb. |

龙胆属　　　　　*Gentiana* Tourn. ex Linn.

2151	五岭龙胆	*Gentiana davidii* Franch.
2152	华南龙胆	*Gentiana loureirii*（G. Don）Griseb.
2153	龙胆	*Gentiana scabra* Bunge

獐牙菜属　　　　　*Swertia* Linn.

2154	狭叶獐牙菜	*Swertia angustifolia* Buch. -Ham. ex D. Don
2155	美丽獐牙菜	*Swertia angustifolia* Buch. -Ham. ex D. Don var. *pulchella* （D. Don）Burk.
2156	新店獐牙菜	*Swertia shintenensis* Hayata

双蝴蝶属　　　　　*Tripterospermum* Blume

| 2157 | 双蝴蝶 | *Tripterospermum affine*（Migo）H. Smith |
| 2158 | 香港双蝴蝶 | *Tripterospermum nienkui*（Marq.）C. J. Wu |

（一九一）报春花科　　Primulaceae

珍珠菜属　　*Lysimachia* L.

2159	广西过路黄	*Lysimachia alfredii* Hance
2160	泽珍珠菜	*Lysimachia candida* Lindl.
2161	细梗香草	*Lysimachia capillipes* Hemsl.
2162	矮桃	*Lysimachia clethroides* Duby
2163	延叶珍珠菜	*Lysimachia decurrens* G. Forst.
2164	大叶过路黄	*Lysimachia fordiana* Oliv.
2165	红根草	*Lysimachia fortunei* Maxim.
2166	南平过路黄	*Lysimachia nanpingensis* F. H. Chen et C. M. Hu
2167	阔叶假排草	*Lysimachia sikokiana* Miq. subsp. *petelotii*（Merr.）C. M. Hu

假婆婆纳属　　*Stimpsonia* Wright ex A. Gray

2168	假婆婆纳	*Stimpsonia chamaedryoides* C. Wright ex A. Gray

（一九二）白花丹科　　Plumbaginaceae

白花丹属　　*Plumbago* Linn.

2169	白花丹	*Plumbago zeylanica* L.

（一九三）车前科　　Plantaginaceae

车前属　　*Plantago* L.

2170	车前	*Plantago asiatica* L.
2171	大车前	*Plantago major* L.

（一九四）桔梗科　　Campanulaceae

金钱豹属　　*Campanumoea* Bl.

2172	土党参	*Campanumoea javanica* Blume
2173	金钱豹	*Campanumoea javanica* Blume subsp. *japonica*（Makino）D. Y. Hong
2174	长叶轮钟草	*Campanumoea lancifolia*（Roxb.）Merr.

党参属	*Codonopsis* Wall.
2175　羊乳	*Codonopsis lanceolata*（Siebold et Zucc.）Benth. et Hook. f. ex Trautv.
蓝花参属	*Wahlenbergia* Schrad. ex Roth
2176　蓝花参	*Wahlenbergia marginata*（Thunb.）A. DC.

（一九五）半边莲科　　Lobeliaceae

半边莲属	*Lobelia* Linn.
2177　半边莲	*Lobelia chinensis* Lour.
2178　线萼山梗菜	*Lobelia melliana* E. Wimm.
2179　西南山梗菜	*Lobelia sequinii* Levl. et Van.
铜锤玉带属	*Pratia* Gaudich.
2180　铜锤玉带草	*Pratia nummularia*（Lam.）A. Braun et Asch.

（一九六）紫草科　　Boraginaceae

斑种草属	*Bothriospermum* Bge.
2181　柔弱斑种草	*Bothriospermum tenellum*（Hornem.）Fisch. et Mey.
基及树属	*Carmona* Cav.
＊2182　基及树	*Carmona microphylla*（Lam.）G. Don
破布木属	*Cordia* Linn.
2183　破布木	*Cordia dichotoma* G. Forst.
琉璃草属	*Cynoglossum* L.
2184　小花琉璃草	*Cynoglossum lanceolatum* Forssk.
厚壳树属	*Ehretia* Linn.
2185　粗糠树	*Ehretia macrophylla* Wall.
2186　长花厚壳树	*Ehretia longiflora* Champ. ex Benth.
盾果草属	*Thyrocarpus* Hance
2187　盾果草	*Thyrocarpus sampsonii* Hance

番茉莉属		***Brunfelsia*** L.
	2188 二色茉莉	*Brunfelsia latifolia*（Pohl）Benth.

辣椒属		***Capsicum*** L.
＊2189	辣椒	*Capsicum annuum* L.
＊2190	朝天椒	*Capsicum annuum* L. var. *conoides*（Mill.）Irish
＊2191	灯笼椒	*Capsicum annuum* L. var. *grossum*（Willd.）Sendtn.

夜香树属		***Cestrum*** L.
＊2192	夜香树	*Cestrum nocturnum* L.

曼陀罗属		***Datura*** L.
＊2193	木本曼陀罗	*Datura arborea* L.

红丝线属		***Lycianthes***（Dunal）Hassl.
	2194 红丝线	*Lycianthes biflora*（Lour.）Bitter

枸杞属		***Lycium*** L.
＊2195	枸杞	*Lycium chinense* Mill.

番茄属		***Lycoperscicon*** Mill.
＊2196	番茄	*Lycopersicon esculentum* Mill.

烟草属		***Nicotiana*** L.
＊2197	黄花烟草	*Nicotiana rustica* L.
＊2198	烟草	*Nicotiana tabacum* L.

碧冬茄属		***Petunia*** Juss.
	2199 碧冬茄	*Petunia hybrida* Vilm.

酸浆属		***Physalis*** Linn.
	2200 挂金灯	*Physalis alkekengi* L. var. *franchetii*（Mast.）Makino
	2201 苦蘵	*Physalis angulata* L.
	2202 小酸浆	*Physalis minima* L.
	2203 灯笼果	*Physalis peruviana* L.

茄属		***Solanum*** L.
	2204 白英	*Solanum lyratum* Thunb.
＊2205	乳茄	*Solanum mammosum* L.
＊2206	茄	*Solanum melongena* L.

2207	少花龙葵	*Solanum photeinocarpum* Nakam. et Odash.
2208	牛茄子	*Solanum surattense* Burm. f.
2209	水茄	*Solanum torvum* Sw.
*2210	阳芋	*Solanum tuberosum* L.
2211	假烟叶树	*Solanum verbascifolium* Kunth

（一九八）旋花科　　Convolvulaceae

菟丝子属　　*Cuscuta* Linn.
| 2212 | 菟丝子 | *Cuscuta chinensis* Lam. |

马蹄金属　　*Dichondra* J. R. et G. Forst.
| 2213 | 马蹄金 | *Dichondra repens* J. R. Forst. et G. Forst. |

丁公藤属　　*Erycibe* Roxb.
| 2214 | 丁公藤 | *Erycibe obtusifolia* Benth. |
| 2215 | 光叶丁公藤 | *Erycibe schmidtii* Craib |

土丁桂属　　*Evolvulus* Linn.
| 2216 | 土丁桂 | *Evolvulus alsinoides*（L.）L. |

番薯属　　*Ipomoea* Linn.
*2217	蕹菜	*Ipomoea aquatica* Forssk.
*2218	番薯	*Ipomoea batatas*（L.）Lam.
2219	五爪金龙	*Ipomoea cairica*（L.）Sweet
2220	七爪龙	*Ipomoea digitata* L.

鱼黄草属　　*Merremia* Dennst. ex Lindl.
| 2221 | 篱栏网 | *Merremia hederacea*（Burm. f.）Hallier f. |

牵牛属　　*Pharbitis* Choisy
| 2222 | 牵牛 | *Pharbitis nil*（L.）Choisy |
| 2223 | 圆叶牵牛 | *Pharbitis purpurea*（L.）Voigt |

茑萝属　　*Quamoclit* Mill.
| *2224 | 茑萝松 | *Quamoclit pinnata*（Desr.）Bojer |

毛麝香属　　*Adenosma* R. Br.

2225　毛麝香　　*Adenosma glutinosum*（L.）Druce

水八角属　　*Gratiola* Linn.

2226　白花水八角　　*Gratiola japonica* Miq.

石龙尾属　　*Limnophila* R. Br.

2227　紫苏草　　*Limnophila aromatica*（Lam.）Merr.

2228　大叶石龙尾　　*Limnophila rugosa*（Roth）Merr.

2229　石龙尾　　*Limnophila sessiliflora*（Vahl）Bl.

钟萼草属　　*Lindenbergia* Lehm.

2230　野地钟萼草　　*Lindenbergia ruderalis*（Vahl）O. Ktze.

母草属　　*Lindernia* All.

2231　长蒴母草　　*Lindernia anagallis*（Burm. f.）Pennell

2232　母草　　*Lindernia crustacea*（L.）F. Muell.

2233　红骨草　　*Lindernia montana*（Bl.）Koord.

2234　旱田草　　*Lindernia ruellioides*（Colsm.）Pennell

通泉草属　　*Mazus* Lour.

2235　通泉草　　*Mazus japonicus*（Thunb.）Kuntze

泡桐属　　*Paulownia* Sieb. et Zucc.

2236　白花泡桐　　*Paulownia fortunei*（Seem.）Hemsl.

2237　台湾泡桐　　*Paulownia kawakamii* Ito

2238　毛泡桐　　*Paulownia tomentosa*（Thunb.）Steud.

爆仗竹属　　*Russelia* L.

2239　爆仗竹　　*Russelia equisetiformis* Schlecht et Cham.

野甘草属　　*Scoparia* Linn.

2240　野甘草　　*Scoparia dulcis* L.

阴行草属　　*Siphonostegia* Benth.

2241　阴行草　　*Siphonostegia chinensis* Benth.

2242　腺毛阴行草　　*Siphonostegia laeta* S. Moore

短冠草属　　*Sopubia* Buch. -Ham. ex D. Don

2243　短冠草　　*Sopubia trifida* Buch. -Ham. ex D. Don

独脚金属		*Striga* Lour.
	2244	独脚金	*Striga asiatica*（L.）Kuntze
蝴蝶草属		*Torenia* L.
	2245	毛叶蝴蝶草	*Torenia benthamiana* Hance
	2246	单色蝴蝶草	*Torenia concolor* Lindl.
	2247	黄花蝴蝶草	*Torenia flava* Buch. -Ham. ex Benth.
	2248	紫斑蝴蝶草	*Torenia fordii* Hook. f.
*2249	兰猪耳	*Torenia fournieri* Linden ex E. Fourn.
	2250	光叶蝴蝶草	*Torenia glabra* Osbeck
	2251	紫萼蝴蝶草	*Torenia violacea*（Azaola ex Blanco）Pennell
婆婆纳属		*Veronica* L.
	2252	水苦荬	*Veronica undulata* Wall.
腹水草属		*Veronicastrum* Heist. ex Farbic.
	2253	爬岩红	*Veronicastrum axillare*（Sieb. et Zucc.）T. Yamaz.
	2254	腹水草	*Veronicastrum stenostachyum*（Hemsl.）T. Yamaz.

（二〇〇）列当科　　Orobanchaceae

野菰属		*Aeginetia* L.
	2255	野菰	*Aeginetia indica* L.
	2256	中国野菰	*Aeginetia sinensis* Beck

（二〇一）狸藻科　　Lentibulariaceae

狸藻属		*Utricularia* L.
	2257	挖耳草	*Utricularia bifida* L.
	2258	禾叶挖耳草	*Utricularia graminifolia* Vahl

（二〇二）苦苣苔科　　Gesneriaceae

芒毛苣苔属		*Aeschynanthus* Jack
	2259	芒毛苣苔	*Aeschynanthus acuminatus* Wall. ex A. DC.
旋蒴苣苔属		*Boea* Comm. ex Lam.
	2260	猫耳朵	*Boea hygrometrica*（Bunge）R. Br.

四数苣苔属	*Bournea* Oliv.
2261　四数苣苔	*Bournea sinensis* Oliv.

唇柱苣苔属	*Chirita* Buch. -Ham. ex D. Don
2262　牛耳朵	*Chirita eburnea* Hance
2263　蚂蝗七	*Chirita fimbrisepala* Hand. -Mazz.
2264　烟叶唇柱苣苔	*Chirita heterotricha* Merr.
2265　疏花唇柱苣苔	*Chirita laxiflora* W. T. Wang

长蒴苣苔属	*Didymocarpus* Wall.
2266　闽赣长蒴苣苔	*Didymocarpus heucherifolius* Hand. -Mazz.

吊石苣苔属	*Lysionotus* D. Don.
2267　吊石苣苔	*Lysionotus pauciflorus* Maxim.

马铃苣苔属	*Oreocharis* Benth.
2268　长瓣马铃苣苔	*Oreocharis auricula*（S. Moore）Clarke
2269　大叶石上莲	*Oreocharis benthamii* C. B. Clarke
2270　石上莲	*Oreocharis benthamii* C. B. Clarke var. *reticulata* Dunn
2271　大齿马铃苣苔	*Oreocharis magnidens* Chun ex K. Y. Pan

线柱苣苔属	*Rhynchotechum* Bl.
2272　异色线柱苣苔	*Rhynchotechum discolor*（Maxim.）B. L. Burtt
2273　线柱苣苔	*Rhynchotechum obovatum*（Griff.）B. L. Burtt

（二〇三）紫葳科　　Bignoniaceae

凌霄属	*Campsis* Lour.
＊2274　凌霄	*Campsis grandiflora*（Thunb.）Schum.

猫尾木属	*Dolichandrone*（Fenzl）Seem.
＊2275　猫尾木	*Dolichandrone caudafelina*（Hance）Benth. et HK. f.

蓝花楹属	*Jacaranda* Juss.
＊2276　蓝花楹	*Jacaranda mimosifolia* D. Don

吊灯树属	*Kigelia* DC.
2277　吊灯树	*Kigelia africana*（Lam.）Benth.

蒜香藤属	*Mansoa* L.
2278　蒜香藤	*Mansoa alliacea*（Lam.）A. H. Gentry

木蝴蝶属   *Oroxylum* Vent.

   *2279   木蝴蝶   *Oroxylum indicum*（L.）Kurz

炮仗藤属   *Pyrostegia* Presl

   *2280   炮仗花   *Pyrostegia venusta*（Ker-Gawl.）Miers

菜豆树属   *Radermachera* Zoll. et Mor.

   2281   菜豆树   *Radermachera sinica*（Hance）Hemsl.

火焰树属   *Spathodea* Beauv.

   *2282   火焰树   *Spathodea campanulata* P. Beauv.

黄钟木属   *Tabebuia* L.

   2283   黄钟木   *Tabebuia chrysantha*（Jacq.）Nichols.

（二〇四）胡麻科   Pedaliaceae

胡麻属   *Sesamum* Linn.

   *2284   芝麻   *Sesamum indicum* L.

（二〇五）爵床科   Acanthaceae

鸭嘴花属   *Adhatoda* Mill.

   *2285   鸭嘴花   *Adhatoda vasica* Nees

穿心莲属   *Andrographis* Wall. ex Nees

   *2286   穿心莲   *Andrographis paniculata*（Burm. f.）Nees

板蓝属   *Baphicacanthus* Bremek.

   2287   板蓝   *Baphicacanthus cusia*（Nees）Bremek.

麒麟吐珠属   *Calliaspidia* Bremek.

   *2288   虾衣花   *Calliaspidia guttata*（Brandegee）Bremek.

杜根藤属   *Calophanoides* Ridl.

   2289   杜根藤   *Calophanoides quadrifaria*（Nees）Ridl.

黄猄草属   *Championella* Bremek.

   2290   少花黄猄草   *Championella oligantha*（Miq.）Bremek.

   2291   黄猄草   *Championella tetrasperma*（Champ. ex Benth.）Bremek.

钟花草属	*Codonacanthus* Nees
2292 钟花草	*Codonacanthus pauciflorus*（Nees）Nees

狗肝菜属	*Dicliptera* Juss.
2293 狗肝菜	*Dicliptera chinensis*（L.）Juss.

叉花草属	*Diflugossa* Bremek.
2294 疏花叉花草	*Diflugossa divaricata*（Nees）Bremek.

喜花草属	*Eranthemum* L.
2295 华南可爱花	*Eranthemum austrosinensis* H. S. Lo

驳骨草属	*Gendarussa* Nees
2296 黑叶小驳骨	*Gendarussa ventricosa*（Wall. ex Hook. f.）Nees
2297 小驳骨	*Gendarussa vulgaris* Nees

山一笼鸡属	*Gutzlaffia* H. P. Tsui
2298 南一笼鸡	*Gutzlaffia henryi*（Hemsl.）H. P. Tsui

水蓑衣属	*Hygrophila* R. Br.
2299 小狮子草	*Hygrophila polysperma*（Roxb.）T. Anderson
2300 水蓑衣	*Hygrophila salicifolia*（Vahl）Nees

枪刀药属	*Hypoestes* Soland. ex R. Br.
2301 枪刀药	*Hypoestes purpurea*（L.）R. Br.

叉序草属	*Isoglossa* Oersted.
2302 叉序草	*Isoglossa collina*（T. Anderson）B. Hansen

拟地皮消属	*Leptosiphonium* F. Muell.
2303 拟地皮消	*Leptosiphonium venustum*（Hance）E. Hossain

观音草属	*Peristrophe* Nees
2304 海南山蓝	*Peristrophe floribunda*（Hemsl.）C. Y. Wu et Lo
2305 九头狮子草	*Peristrophe japonica*（Thunb.）Bremek.

马蓝属	*Pteracanthus*（Nees）Bremek.
2306 翅柄马蓝	*Pteracanthus alatus*（Nees）Bremek.
2307 棒果马蓝	*Pteracanthus claviculatus*（C. B. Clarke ex W. W. Sm.）C. Y. Wu et C. C. Hu

假蓝属	*Pteroptychia* Bremek.
2308 曲枝假蓝	*Pteroptychia dalziellii*（W. W. Sm.）Lo

爵床属	*Rostellularia* Reichenb.
2309 爵床	*Rostellularia procumbens*（L.）Nees

黄脉爵床属	*Sanchezia* Ruiz et Pavon.
＊2310 黄脉爵床	*Sanchezia nobilis* Hook. f.

黄球花属	*Sericocalyx* Bremek.
2311 黄球花	*Sericocalyx chinensis*（Nees）Bremek.

叉柱花属	*Staurogyne* Wall.
2312 灰背叉柱花	*Staurogyne hypoleuca* Benoist

（二〇六）马鞭草科　Verbenaceae

紫珠属	*Callicarpa* Linn.
2313 紫珠	*Callicarpa bodinieri* H. Lév.
2314 短柄紫珠	*Callicarpa brevipes*（Benth.）Hance
2315 华紫珠	*Callicarpa cathayana* C. H. Chang
2316 白棠子树	*Callicarpa dichotoma*（Lour.）K. Koch.
2317 杜虹花	*Callicarpa formosana* Rolfe
2318 老鸦糊	*Callicarpa giraldii* Hesse ex Rehder
2319 毛叶老鸦糊	*Callicarpa giraldii* Hesse ex Rehder var. *lyi*（H. Lév.）C. Y. Wu
2320 全缘叶紫珠	*Callicarpa integerrima* Champ. ex Benth.
2321 窄叶紫珠	*Callicarpa japonica* Thunb. var. *angustata* Rehder
2322 枇杷叶紫珠	*Callicarpa kochiana* Makino
2323 广东紫珠	*Callicarpa kwangtungensis* Chun
2324 披针叶紫珠	*Callicarpa longifolia* Lam. var. *lanceolaria*（Roxb.）C. B. Clarke
2325 长柄紫珠	*Callicarpa longipes* Dunn
2326 尖尾枫	*Callicarpa longissima*（Hemsl.）Merr.
2327 大叶紫珠	*Callicarpa macrophylla* Vahl
2328 钩毛紫珠	*Callicarpa peichieniana* Chun et S. L. Chen
2329 长毛紫珠	*Callicarpa pilosissima* Maxim.
2330 红紫珠	*Callicarpa rubella* Lindl.

莸属	*Caryopteris* Bunge
2331 兰香草	*Caryopteris incana*（Thunb. ex Houtt.）Miq.

大青属	*Clerodendrum* Linn.
2332 臭牡丹	*Clerodendrum bungei* Steud.

2333	大萼臭牡丹	*Clerodendrum bungei* Steud. var. *megacalyx* C. Y. Wu ex S. L. Chen
2334	灰毛大青	*Clerodendrum canescens* Wall. ex Walp.
2335	大青	*Clerodendrum cyrtophyllum* Trucz.
2336	白花灯笼	*Clerodendrum fortunatum* L.
2337	苦郎树	*Clerodendrum inerme*（L.）Gaertn.
2338	赪桐	*Clerodendrum japonicum*（Thunb.）R. Sweet
2339	广东大青	*Clerodendrum kwangtungense* Hand. -Mazz.
2340	尖齿臭茉莉	*Clerodendrum lindleyi* Decne. ex Planch.
2341	臭茉莉	*Clerodendrum philippinum* Schauer var. *simplex* Moldenke
＊2342	龙吐珠	*Clerodendrum thomsonae* Balf. f.

假连翘属   *Duranta* Linn.

＊2343	假连翘	*Duranta repens* Linn.

石梓属   *Gmelina* Linn.

＊2344	云南石梓	*Gmelina arborea* Roxb. ex Sm.
2345	苦梓	*Gmelina hainanensis* Oliv.

马缨丹属   *Lantana* Linn.

2346	马缨丹	*Lantana camara* L.

豆腐柴属   *Premna* Linn.

2347	臭黄荆	*Premna ligustroides* Hemsl.
2348	豆腐柴	*Premna microphylla* Turcz.

柚木属   *Tectona* Linn. f.

＊2349	柚木	*Tectona grandis* L. f.

马鞭草属   *Verbena* Linn.

2350	马鞭草	*Verbena officinalis* L.

牡荆属   *Vitex* Linn.

2351	灰毛牡荆	*Vitex canescens* Kurz
2352	黄荆	*Vitex negundo* L.
2353	牡荆	*Vitex negundo* L. var. *cannabifolia*（Siebold et Zucc.）Hand. -Mazz.
2354	拟黄荆	*Vitex negundo* L. var. *thyrsoides* P'ei et S. L. Liou
2355	山牡荆	*Vitex quinata*（Lour.）F. N. Williams
2356	蔓荆	*Vitex trifolia* Linn.

（二〇七）唇形科　Labiatae

筋骨草属　　　　　　　　*Ajuga* Linn.

　　2357　金疮小草　　　*Ajuga decumbens* Thunb.

　　2358　紫背金盘　　　*Ajuga nipponensis* Makino

风轮菜属　　　　　　　　*Clinopodium* Linn.

　　2359　风轮菜　　　　*Clinopodium chinense*（Benth.）Kuntze

　　2360　邻近风轮菜　　*Clinopodium confine*（Hance）Kuntze

　　2361　细风轮菜　　　*Clinopodium gracile*（Benth.）Matsum.

水蜡烛属　　　　　　　　*Dysophylla* Bl. ex El-Gazzar et Watson

　　2362　水虎尾　　　　*Dysophylla stellata*（Lour.）Benth.

香薷属　　　　　　　　　*Elsholtzia* Willd.

　　2363　紫花香薷　　　*Elsholtzia argyi* H. Lév.

广防风属　　　　　　　　*Epimeredi* Adans.

　　2364　广防风　　　　*Epimeredi indica*（L.）Rothm.

活血丹属　　　　　　　　*Glechoma* Linn.

　　2365　活血丹　　　　*Glechoma longituba*（Nakai）Kuprian.

锥花属　　　　　　　　　*Gomphostemma* Wall. ex Benth.

　　2366　中华锥花　　　*Gomphostemma chinense* Oliv.

山香属　　　　　　　　　*Hyptis* Jacp.

　　2367　山香　　　　　*Hyptis suaveolens*（L.）Poit.

益母草属　　　　　　　　*Leonurus* Linn.

　　2368　益母草　　　　*Leonurus artemisia*（Lour.）S. Y. Hu

　　2369　白花益母草　　*Leonurus artemisia*（Lour.）S. Y. Hu var. *albiflorus*（Migo）
　　　　　　　　　　　　S. Y. Hu

薄荷属　　　　　　　　　*Mentha* Linn.

　　2370　薄荷　　　　　*Mentha haplocalyx* Briq.

凉粉草属　　　　　　　　*Mesona* Bl.

　　2371　凉粉草　　　　*Mesona chinensis* Benth.

石荠苎属　　　　　　　　*Mosla* Buch. -Ham. ex Maxim.

　　2372　石香薷　　　　*Mosla chinensis* Maxim.

　　2373　小鱼仙草　　　*Mosla dianthera*（Buch. -Ham. ex Roxb.）Maxim.

2374	石荠苧	*Mosla scabra*（Thunb.）C. Y. Wu et H. W. Li

荆芥属   *Nepeta* Linn.

2375	荆芥	*Nepeta cataria* L.

罗勒属   *Ocimum* Linn.

*2376	罗勒	*Ocimum basilicum* L.
2377	丁香罗勒	*Ocimum gratissimum* L.

假糙苏属   *Paraphlomis* Prain

2378	白毛假糙苏	*Paraphlomis albida* Hand. -Mazz.
2379	曲茎假糙苏	*Paraphlomis foliata*（Dunn）C. Y. Wu et H. W. Li

紫苏属   *Perilla* Linn.

*2380	紫苏	*Perilla frutescens*（L.）Britton
2381	野生紫苏	*Perilla frutescens*（L.）Britton var. *acuta*（Odash.）Kudô

刺蕊草属   *Pogostemon* Desf.

2382	珍珠菜	*Pogostemon auricularius*（L.）Hassk.
*2383	广藿香	*Pogostemon cablin*（Blanco）Benth.
2384	膜叶刺蕊草	*Pogostemon esquirolii*（H. Lév.）C. Y. Wu et Y. C. Huang

夏枯草属   *Prunella* Linn.

2385	夏枯草	*Prunella vulgaris* L.

香茶菜属   *Rabdosia*（Bl.）Hassk.

2386	香茶菜	*Rabdosia amethystoides*（Benth.）H. Hara
2387	大萼香茶菜	*Rabdosia macrocalyx*（Dunn）H. Hara
2388	溪黄草	*Rabdosia serra*（Maxim.）H. Hara
2389	长叶香茶菜	*Rabdosia stracheyi*（Benth. ex Hook. f.）H. Hara

鼠尾草属   *Salvia* Linn.

2390	南丹参	*Salvia bowleyan* Dunn
2391	贵州鼠尾草	*Salvia cavaleriei* H. Lév.
2392	血盆草	*Salvia cavaleriei* H. Lév. var. *simplicifolia* E. Peter
2393	华鼠尾草	*Salvia chinensis* Benth.
2394	鼠尾草	*Salvia japonica* Thunb.
2395	鼠尾草—多小叶变种	*Salvia japonica* Thunb. var. *multifoliolata* E. Peter
2396	丹参	*Salvia miltiorrhiza* Bunge
2397	荔枝草	*Salvia plebeia* R. Br.
*2398	一串红	*Salvia splendens* Ker Gawl.

裂叶荆芥属   *Schizonepeta* Briq.

   2399   裂叶荆芥   *Schizonepeta tenuifolia* Briq.

黄芩属   *Scutellaria* Linn.

   2400   半枝莲   *Scutellaria barbata* D. Don

   2401   蓝花黄芩   *Scutellaria formosana* N. E. Br.

   2402   韩信草   *Scutellaria indica* L.

   2403   毛叶香茶菜   *Scutellaria japonica*（Burm. f.）H. Hara

   2404   吕宋黄芩   *Scutellaria luzonica* Rolfe

筒冠花属   *Siphocranion* Kudo

   2405   光柄筒冠花   *Siphocranion nudipes*（Hemsl.）Kudô

水苏属   *Stachys* Linn.

   2406   地蚕   *Stachys geobombycis* C. Y. Wu

香科科属   *Teucrium* Linn.

   2407   铁轴草   *Teucrium quadrifarium* Buch. -Ham. ex D. Don

   2408   血见愁   *Teucrium viscidum* Bl.

（二○八）水鳖科   Hydrocharitaceae

水筛属   *Blyxa* Thou. ex Rich.

   2409   无尾水筛   *Blyxa aubertii* Rich.

   2410   水筛   *Blyxa japonica*（Miq.）Maxim. ex Asch. et Gürke

水车前属   *Ottelia* Pers.

   2411   龙舌草   *Ottelia alismoides*（L.）Pers.

（二○九）泽泻科   Alismataceae

慈姑属   *Sagittaria* Linn.

   2412   小慈姑   *Sagittaria potamogetifola* Merr.

   2413   矮慈姑   *Sagittaria pygmaea* Miq.

   2414   野慈姑   *Sagittaria trifolia* L.

   2415   剪刀草   *Sagittaria trifolia* L. form. *longiloba*（Turcz.）Makino

（二一〇）水蕹科　　Aponogetonaceae

水蕹属　　*Aponogeton* Linn. f.

2416　水蕹　　*Aponogeton lakhonensis* A. Camus

（二一一）眼子菜科　　Potamogetonaceae

眼子菜属　　*Potamogeton* Linn.

2417　眼子菜　　*Potamogeton distinctus* A. Benn.

2418　浮叶眼子菜　　*Potamogeton natans* Linn.

2419　钝脊眼子菜　　*Potamogeton octandrus* Poir. var. *minduhikimo*（Makino）Hara

（二一二）茨藻科　　Najadaceae

茨藻属　　*Najas* Linn.

2420　纤细茨藻　　*Najas gracillima*（A. Braun ex Engelm.）Magnus

2421　草茨藻　　*Najas graminea* Delile

2422　小茨藻　　*Najas minor* All.

（二一三）鸭跖草科　　Commelinaceae

鸭跖草属　　*Commelina* Linn.

2423　饭包草　　*Commelina benghalensis* Linn.

2424　鸭跖草　　*Commelina communis* L.

2425　节节草　　*Commelina diffusa* Burm. f.

2426　大苞鸭跖草　　*Commelina paludosa* Blume

蓝耳草属　　*Cyanotis* D. Don

2427　蛛丝毛蓝耳草　　*Cyanotis arachnoidea* C. B. Clarke

2428　蓝耳草　　*Cyanotis vaga*（Loureiro）Schultes et J. H. Schultes

聚花草属　　*Floscopa* Lour.

2429　聚花草　　*Floscopa scandens* Lour.

水竹叶属　　*Murdannia* Royle

2430　大苞水竹叶　　*Murdannia bracteata*（C. B. Clarke）J. K. Morton ex Hong

2431	少叶水竹叶	*Murdannia medica*（Lour.）D. Y. Hong
2432	裸花水竹叶	*Murdannia nudiflora*（L.）Brenan
2433	水竹叶	*Murdannia triquetra*（Wall.）Bruckn.

杜若属 **Pollia Thunb.**

| 2434 | 杜若 | *Pollia japonica* Thunb. |
| 2435 | 密花杜若 | *Pollia thyrsiflora*（Bl.）Endl. ex Hassk. |

（二一四）谷精草科　Eriocaulaceae

谷精草属 **Eriocaulon Linn.**

2436	毛谷精草	*Eriocaulon australe* R. Br.
2437	谷精草	*Eriocaulon buergerianum* Koern.
2438	白药谷精草	*Eriocaulon cinereum* R. Br.
2439	长苞谷精草	*Eriocaulon decemflorum* Maxim.
2440	华南谷精草	*Eriocaulon sexangulare* L.
2441	流星谷精草	*Eriocaulon truncatum* Ham.

（二一五）凤梨科　Bromeliaceae

凤梨属 **Ananas Tourm. ex Linn.**

| *2442 | 凤梨 | *Ananas comosus*（L.）Merr. |

水塔花属 **Billbergia Thunb.**

| *2443 | 水塔花 | *Billbergia pyramidalis*（Sims）Lindl. |

（二一六）芭蕉科　Musaceae

芭蕉属 **Musa L.**

2444	小果野蕉	*Musa acuminata* Colla
2445	野蕉	*Musa balbisiana* Colla
*2446	红蕉	*Musa coccinea* Andrews
*2447	香蕉	*Musa nana* Lour.
*2448	大蕉	*Musa Sapientum* L.

（二一七）旅人蕉科　　Strelitaiaceae

旅人蕉属　　　　　　　*Ravenala* Adans.

  * 2449　旅人蕉　　　　　*Ravenala madagascariensis* Sonn.

（二一八）姜科　　Zingiberaceae

山姜属　　　　　　　*Alpinia* Roxb.

  2450　华山姜　　　　*Alpinia chinensis*（Retz.）Rosc.

  2451　密苞山姜　　　*Alpinia densibracteata* T. L. Wu et Senjen

  2452　海南山姜　　　*Alpinia hainanensis* K. Schum.

  2453　山姜　　　　　*Alpinia japonica*（Thunb.）Miq.

  2454　草豆蔻　　　　*Alpinia katsumadai* Hayata

  * 2455　艳山姜　　　　*Alpinia zerumbet*（Pers.）Burtt. et Smith

姜黄属　　　　　　　*Curcuma* L.

  2456　姜黄　　　　　*Curcuma longa* L.

  2457　莪术　　　　　*Curcuma zedoaria*（Christm.）Rosc.

舞花姜属　　　　　　*Globba* L.

  2458　舞花姜　　　　*Globba racemosa* Smith

姜花属　　　　　　　*Hedychium* Koen.

  2459　姜花　　　　　*Hedychium coronarium* Koen.

姜属　　　　　　　　*Zingiber* Boehm.

  2460　蘘荷　　　　　*Zingiber mioga*（Thunb.）Rosc.

  * 2461　姜　　　　　*Zingiber officinale* Rosc.

  2462　红球姜　　　　*Zingiber zerumbet*（L.）Smith

（二一九）美人蕉科　　Cannaceae

美人蕉属　　　　　　*Canna* L.

  * 2463　蕉芋　　　　　*Canna edulis* Ker Gawl.

  * 2464　美人蕉　　　　*Canna indica* L

  * 2465　黄花美人蕉　　*Canna indica* L. var. *flava* Roxb.

（二二〇）竹芋科　Marantaceae

竹芋属　*Maranta* L.

* 2466　竹芋　*Maranta arundinacea* L.
* 2467　斑叶竹芋　*Maranta arundinacea* L. var. *variegatum*（N. E. Br.）

（二二一）百合科　Liliaceae

粉条儿菜属　*Aletris* Linn.

2468　短柄粉条儿菜　*Aletris scopulorum* Dunn

2469　粉条儿菜　*Aletris spicata*（Thunb.）Franch.

芦荟属　*Aloe* L.

* 2470　芦荟　*Aloe vera*（L.）Burm. f. var. *chinensis*（Haw.）A. Berger

天门冬属　*Asparagus* L.

2471　天门冬　*Asparagus cochinchinensis*（Lour.）Merr.

* 2472　文竹　*Asparagus setaceus*（Kunth）Jessop

蜘蛛抱蛋属　*Aspidistra* Ker-Gawl.

* 2473　蜘蛛抱蛋　*Aspidistra elatior* Blume

2474　流苏蜘蛛抱蛋　*Aspidistra fimbriata* Wang et Tang

2475　小花蜘蛛抱蛋　*Aspidistra minutiflora* Stapf

吊兰属　*Chlorophytum* ker-Gawl.

* 2476　吊兰　*Chlorophytum comosum*（Thunb.）Baker

山菅属　*Dianella* Lam.

2477　山菅　*Dianella ensifolia*（L.）DC.

竹根七属　*Disporopsis* Hance

2478　深裂竹根七　*Disporopsis pernyi*（Hua）Diels

万寿竹属　*Disporum* Salisb.

2479　长蕊万寿竹　*Disporum bodinieri*（H. Lév. et Vaniot）F. T. Wang et T. Tang

2480　万寿竹　*Disporum cantoniense*（Lour.）Merr.

2481　宝铎草　*Disporum sessile* D. Don

萱草属　*Hemerocallis* L.

2482　黄花菜　*Hemerocallis citrina* Baroni

| 2483 | 萱草 | *Hemerocallis fulva*（L.）L. |

玉簪属　　　　*Hosta* Tratt.

| ＊2484 | 玉簪 | *Hosta plantaginea*（Lam.）Asch. |

百合属　　　　*Lilium* L.

2485	野百合	*Lilium brownii* F. E. Br. ex Miellez
2486	百合	*Lilium brownii* F. E. Br. ex Miellez var. *viridulum* Baker
2487	麝香百合	*Lilium longiflorum* Thunb.

山麦冬属　　　　*Liriope* Lour.

2488	禾叶山麦冬	*Liriope graminifolia*（L.）Baker
2489	阔叶山麦冬	*Liriope platyphylla* F. T. Wang et Tang
2490	山麦冬	*Liriope spicata* Lour.

沿阶草属　　　　*Ophiopogon* Ker-Gawl.

2491	沿阶草	*Ophiopogon bodinieri* Levl.
2492	间型沿阶草	*Ophiopogon intermedius* D. Don
2493	麦冬	*Ophiopogon japonicus*（L. F.）Ker-Gawl.
2494	宽叶沿阶草	*Ophiopogon platyphyllus* Merr. et Chun
2495	疏花沿阶草	*Ophiopogon sparsiflorus* F. T. Wang et L. K. Dai

球子草属　　　　*Peliosanthes* Andr.

| 2496 | 大盖球子草 | *Peliosanthes macrostegia* Hance |

黄精属　　　　*Polygonatum* Mill.

| 2497 | 多花黄精 | *Polygonatum cyrtonema* Hua |

藜芦属　　　　*Veratrum* L.

| 2498 | 黑紫藜芦 | *Veratrum japonicum*（Baker）Lose. f. |
| 2499 | 蒙自藜芦 | *Veratrum mengtzeanum* Loes. f. |

（二二二）延龄草科　　　Trilliaceae

重楼属　　　　*Paris* Linn.

| 2500 | 七叶一枝花 | *Paris polyphylla* Sm. |
| 2501 | 华重楼 | *Paris polyphylla* Sm. var *chinensis*（Franch.）Hara |

（二二三）雨久花科　Pontederiaceae

凤眼蓝属　　　　　　　　*Eichhornia* Kunth

　*2502　凤眼蓝　　　　*Eichhornia crassipes*（Mart.）Solms

雨久花属　　　　　　　　*Monochoria* Presl

　2503　鸭舌草　　　　　*Monochoria vaginalis*（Burm. f.）C. Presl

（二二四）菝葜科　Smilacaceae

肖菝葜属　　　　　　　　*Heterosmilax* Kunth

　2504　肖菝葜　　　　　*Heterosmilax japonica* Kunth

　2505　合丝肖菝葜　　　*Heterosmilax japonica* Kunth var. *gaudichaudiana*（Kunth）
　　　　　　　　　　　　F. T. Wang et T. Tang

　2506　短柱肖菝葜　　　*Heterosmilax yunnanensis* Gagnep.

菝葜属　　　　　　　　　*Smilax* L.

　2507　尖叶菝葜　　　　*Smilax arisanensis* Hay.

　2508　圆锥菝葜　　　　*Smilax bracteata* C. Presl

　2509　菝葜　　　　　　*Smilax china* Linn.

　2510　柔毛菝葜　　　　*Smilax chingii* F. T. Wang et Tang

　2511　筐条菝葜　　　　*Smilax corbularia* Kunth

　2512　小果菝葜　　　　*Smilax davidiana* A. DC.

　2513　托柄菝葜　　　　*Smilax discotis* Warb.

　2514　长托菝葜　　　　*Smilax ferox* Wall. ex Kunth

　2515　土茯苓　　　　　*Smilax glabra* Roxb.

　2516　黑果菝葜　　　　*Smilax glaucochina* Warb.

　2517　粉背菝葜　　　　*Smilax hypoglauca* Benth.

　2518　马甲菝葜　　　　*Smilax lanceifolia* Roxb.

　2519　暗色菝葜　　　　*Smilax lanceifolia* Roxb. var. *opaca* A. DC.

　2520　抱茎菝葜　　　　*Smilax ocreata* A. DC.

　2521　牛尾菜　　　　　*Smilax riparia* A. DC.

菖蒲属　　***Acorus*** L.

　2522　金钱蒲　　*Acorus gramineus* Soland.

　2523　石菖蒲　　*Acorus tatarinowii* Schott

广东万年青属　　***Aglaonema*** Schott

　＊2524　广东万年青　　*Aglaonema modestum* Schott ex Engl.

海芋属　　***Alocasia*** (Schott) G. Don

　2525　尖尾芋　　*Alocasia cucullata* (Lour.) Schott

　2526　海芋　　*Alocasia macrorrhiza* (L.) Schott

磨芋属　　***Amorphophallus*** Blume

　2527　磨芋　　*Amorphophallus rivieri* Durand ex Carrière

天南星属　　***Arisaema*** Mart.

　2528　一把伞南星　　*Arisaema erubescens* (Wall.) Schott

　2529　天南星　　*Arisaema heterophyllum* Blume

　2530　画笔南星　　*Arisaema penicillatum* N. E. Br.

五彩芋属　　***Caladium*** Vent.

　＊2531　五彩芋　　*Caladium bicolor* (Aiton) Vent.

芋属　　***Colocasia*** Schott

　2532　野芋　　*Colocasia antiquorum* Schott et Endl.

　＊2533　芋　　*Colocasia esculenta* (L.) Schott

花叶万年青属　　***Dieffenbachia*** Schott

　＊2534　花叶万年青　　*Dieffenbachia picta* Schott

麒麟叶属　　***Epipremnum*** Schott

　＊2535　绿萝　　*Epipremnum aureum* (Linden et André) G. S. Bunting

龟背竹属　　***Monstera*** Adans.

　＊2536　龟背竹　　*Monstera deliciosa* Liebm.

喜林芋属　　***Philodendron*** Schott

　＊2537　春羽　　*Philodendron xanadu* Croat，Mayo et Boos

半夏属　　***Pinellia*** Tenore

　2538　滴水珠　　*Pinellia cordata* N. E. Br.

大藻属　　　　　　　　　　　　*Pistia* L.

　　2539　大藻　　　　　　　　*Pistia stratiotes* L.

石柑属　　　　　　　　　　　　*Pothos* L.

　　2540　石柑子　　　　　　　*Pothos chinensis*（Raf.）Merr.

　　2541　蜈蚣藤　　　　　　　*Pothos repens*（Lour.）Druce

合果芋属　　　　　　　　　　　*Syngonium* Schott

　*2542　合果芋　　　　　　　*Syngonium podophyllum* Schott

犁头尖属　　　　　　　　　　　*Typhonium* Schott

　　2543　犁头尖　　　　　　　*Typhonium divaricatum*（L.）Decne.

马蹄莲属　　　　　　　　　　　*Zantedeschia* Spreng.

　*2544　马蹄莲　　　　　　　*Zantedeschia aethiopica*（L.）Spreng.

（二二六）浮萍科　　　　　　　Lemnaceae

浮萍属　　　　　　　　　　　　*Lemna* L.

　　2545　浮萍　　　　　　　　*Lemna minor* L.

紫萍属　　　　　　　　　　　　*Spirodela* Schleid.

　　2546　紫萍　　　　　　　　*Spirodela polyrrhiza*（L.）Schleid.

（二二七）石蒜科　　　　　　　Amaryllidaceae

葱属　　　　　　　　　　　　　*Allium* L.

　*2547　洋葱　　　　　　　　*Allium cepa* L.

　*2548　薤头　　　　　　　　*Allium chinense* G. Don

　*2549　葱　　　　　　　　　*Allium fistulosum* L.

　　2550　宽叶韭　　　　　　　*Allium hookeri* Thwaites

　*2551　蒜　　　　　　　　　*Allium sativum* L.

　*2552　韭　　　　　　　　　*Allium tuberosum* Rottler ex Spreng.

君子兰属　　　　　　　　　　　*Clivia* Lindl.

　*2553　君子兰　　　　　　　*Clivia miniata* Regel

　*2554　垂笑君子兰　　　　　*Clivia nobilis* Lindl.

文殊兰属   *Crinum* Linn.

  *2555 文殊兰   *Crinum asiaticum* L. var. *sinicum*（Roxb. ex Herb.）Baker

朱顶红属   *Hippeastrum* Herb.

  *2556 花朱顶红   *Hippeastrum vittatum*（L'Hér.）Herb.

水鬼蕉属   *Hymenocallis* Salisb.

  *2557 水鬼蕉   *Hymenocallis littoralis*（Jacq.）Salisb.

石蒜属   *Lycoris* Herb.

  2558 石蒜   *Lycoris radiata*（L'Hér.）Herb.

葱莲属   *Zephyranthes* Herb.

  *2559 葱莲   *Zephyranthes candida*（Lindl.）Herb.
  *2560 韭莲   *Zephyranthes grandiflora* Lindl.

（二二八）鸢尾科   Iridaceae

射干属   *Belamcanda* Adans. nom. conserv.

  2561 射干   *Belamcanda chinensis*（L.）DC.

鸢尾属   *Iris* Linn.

  2562 小花鸢尾   *Iris speculatrix* Hance
  *2563 鸢尾   *Iris tectorum* Maxim.

（二二九）百部科   Stemonaceae

百部属   *Stemona* Lour.

  2564 大百部   *Stemona tuberosa* Lour.

（二三○）薯蓣科   Dioscoreaceae

薯蓣属   *Dioscorea* L.

  2565 参薯   *Dioscorea alata* L.
  2566 大青薯   *Dioscorea benthamii* Prain et Burkill
  2567 黄独   *Dioscorea bulbifera* Linn.
  2568 薯莨   *Dioscorea cirrhosa* Lour.

2569	粉背薯蓣	*Dioscorea collettii* Hook. f. var. *hypoglauca*（Palibin）Pei et C. T. Ting
2570	山薯	*Dioscorea fordii* Prain et Burkill
2571	日本薯蓣	*Dioscorea japonica* Thunb.
2572	薯蓣	*Dioscorea opposita* Thunb.
2573	五叶薯蓣	*Dioscorea pentaphylla* L.
2574	褐苞薯蓣	*Dioscorea persimilis* Prain et Burkill

（二三一）龙舌兰科　Agavaceae

龙舌兰属　**Agave Linn.**

　＊2575　狭叶龙舌兰　*Agave angustifolia* Haw.

　＊2576　剑麻　*Agave sisalana* Perr. ex Engelm.

朱蕉属　**Cordyline Comm. ex Juss.**

　＊2577　朱蕉　*Cordyline fruticosa*（L.）A. Chev.

龙血树属　**Dracaena Vand. ex L.**

　＊2578　剑叶龙血树　*Dracaena cochinchinensis*（Lour.）S. C. Chen

　＊2579　富贵竹　*Dracaena sanderiana* Hort. Sand.

酒瓶兰属　**Nolina Hemsl.**

　＊2580　酒瓶兰　*Nolina recurvata* Hemsl.

虎尾兰属　**Sansevieria Thunb.**

　＊2581　虎尾兰　*Sansevieria trifasciata* Prain

（二三二）棕榈科　Palmae

假槟榔属　**Archontophoenix H. Wendl. et Drude**

　＊2582　假槟榔　*Archontophoenix alexandrae*（F. Muell.）H. Wendl. et Drude

槟榔属　**Areca Linn.**

　＊2583　三药槟榔　*Areca triandra* Roxb.

桄榔属　**Arenga Labill. nom. conserv.**

　＊2584　山棕　*Arenga engleri* Becc.

　＊2585　桄榔　*Arenga pinnata*（Wurmb.）Merr.

省藤属	*Calamus* Linn.
2586　杖藤	*Calamus rhabdocladus* Burret
2587　毛鳞省藤	*Calamus thysanolepis* Hance

鱼尾葵属	*Caryota* Linn.
*2588　短穗鱼尾葵	*Caryota mitis* Lour.
*2589　鱼尾葵	*Caryota ochlandra* Hance

散尾葵属	*Chrysalidocarpus* H. Wendl.
*2590　散尾葵	*Chrysalidocarpus lutescens* H. Wendl.

蒲葵属	*Livistona* R. Br.
*2591　蒲葵	*Livistona chinensis* R. Br.

刺葵属	*Phoenix* Linn.
*2592　海枣	*Phoenix dactylifera* L.
*2593　刺葵	*Phoenix hanceana* Naud.
*2594　江边刺葵	*Phoenix roebelenii* O. Brien

棕竹属	*Rhapis* Linn. f. ex Ait.
*2595　棕竹	*Rhapis excelsa*（Thunb.）Henry ex Rehd.

王棕属	*Roystonea* O. F. Cook
*2596　王棕	*Roystonea regia*（Kunth）O. F. Cook

金山葵属	*Syagrus* Mart.
*2597　金山葵	*Syagrus romanzoffiana*（Cham.）Glassm.

棕榈属	*Trachycarpus* H. Wendl.
*2598　棕榈	*Trachycarpus fortunei*（Hook. f.）H. Wendl.

丝葵属	*Washingtonia* H. Wendl.　（nom. conserv.）
*2599　丝葵	*Washingtonia filifera*（Lind. Ex Andre）H. Wendl.

（二三三）露兜树科　　Pandanaceae

露兜树属	*Pandanus* Linn. f.
2600　露兜草	*Pandanus austrosinensis* T. L. Wu
*2601　红刺林投	*Pandanus utilis* Borg.

（二三四）仙茅科　　Hypoxidaceae

仙茅属　　　　　　　***Curculigo* Gaertn.**

　2602　大叶仙茅　　*Curculigo capitulata*（Lour.）O. Kuntze
　2603　仙茅　　　　*Curculigo orchioides* Gaertn.

小金梅草属　　　　***Hypoxis* L.**

　2604　小金梅草　　*Hypoxis aurea* Lour.

（二三五）蒟蒻薯科　　Taccaceae

裂果薯属　　　　　***Schizocapsa* Hance**

　2605　裂果薯　　　*Schizocapsa plantaginea* Hance

（二三六）水玉簪科　　Burmanniaceae

水玉簪属　　　　　***Burmannia* L.**

　2606　水玉簪　　　*Burmannia disticha* L.

（二三七）兰科　　Orchidaceae

开唇兰属　　　　　***Anoectochilus* Bl.**

　2607　金线兰　　　*Anoectochilus roxburghii*（Wall.）Lindl.

无叶兰属　　　　　***Aphyllorchis* Bl.**

　2608　单唇无叶兰　*Aphyllorchis simplex* T. Tang et F. T. Wang

牛齿兰属　　　　　***Appendicula* Bl.**

　2609　牛齿兰　　　*Appendicula cornuta* Bl.

竹叶兰属　　　　　***Arundina* Bl.**

　2610　竹叶兰　　　*Arundina graminifolia*（D. Don）Hochr.

石豆兰属　　　　　***Bulbophyllum* Thou.**

　2611　芳香石豆兰　*Bulbophyllum ambrosia*（Hance）Schltr.
　2612　广东石豆兰　*Bulbophyllum kwangtungense* Schltr.
　2613　伞花石豆兰　*Bulbophyllum shweliense* W. W. Smith

虾脊兰属	*Calanthe* R. Br.
2614 棒距虾脊兰	*Calanthe clavata* Lindl.
2615 细花虾脊兰	*Calanthe mannii* Hook. f.
2616 车前虾脊兰	*Calanthe plantaginea* Lindl.
2617 长距虾脊兰	*Calanthe sylvatica*（Thou.）Lindl.

隔距兰属	*Cleisostoma* Bl.
2618 大序隔距兰	*Cleisostoma paniculatum*（Ker-Gawl.）Garay

贝母兰属	*Coelogyne* Lindl.
2619 流苏贝母兰	*Coelogyne fimbriata* Lindl.

吻兰属	*Collabium* Bl.
2620 吻兰	*Collabium chinense*（Rolfe）T. Tang et F. T. Wang

兰属	*Cymbidium* Sw.
2621 建兰	*Cymbidium ensifolium*（L.）Sw.
2622 多花兰	*Cymbidium floribundum* Lindl.
2623 寒兰	*Cymbidium kanran* Makino

石斛属	*Dendrobium* Sw.
2624 石斛	*Dendrobium nobile* Lindl.
*2625 铁皮石斛	*Dendrobium officinale* Kimura et Migo

毛兰属	*Eria* Lindl.
2626 半柱毛兰	*Eria corneri* Rchb. f.

钳唇兰属	*Erythrodes* Bl.
2627 钳唇兰	*Erythrodes blumei*（Lindl.）Schltr.

美冠兰属	*Eulophia* R. Br. ex Lindl.
2628 无叶美冠兰	*Eulophia zollingeri*（Rchb. f.）J. J. Smith

斑叶兰属	*Goodyera* R. Br.
2629 多叶斑叶兰	*Goodyera foliosa*（Lindl.）Benth. ex C. B. Clarke
2630 高斑叶兰	*Goodyera procera*（Ker-Gawl.）Hook.
2631 小斑叶兰	*Goodyera repens*（L.）R. Br.
2632 斑叶兰	*Goodyera schlechtendaliana* Rchb. f.

玉凤花属	*Habenaria* Willd.
2633 鹅毛玉凤花	*Habenaria dentata*（Sw.）Schltr.
2634 坡参	*Habenaria linguella* Lindl.

| 2635 | 橙黄玉凤花 | *Habenaria rhodocheila* Hance |

羊耳蒜属   *Liparis* L. C. Rich.

2636	镰翅羊耳蒜	*Liparis bootanensis* Griff.
2637	广东羊耳蒜	*Liparis kwangtungensis* Schltr.
2638	见血青	*Liparis nervosa*（Thunb. ex A. Murray）Lindl.
2639	紫花羊耳蒜	*Liparis nigra* Seidenf.
2640	长茎羊耳蒜	*Liparis viridiflora*（Bl.）Lindl.

沼兰属   *Malaxis* Soland. ex Sw.

| 2641 | 阔叶沼兰 | *Malaxis latifolia* J. E. Smith |

葱叶兰属   *Microtis* R. Br.

| 2642 | 葱叶兰 | *Microtis unifolia*（Forst.）Rchb. f. |

球柄兰属   *Mischobulbum* Schltr.

| 2643 | 心叶球柄兰 | *Mischobulbum cordifolium*（Hook. f.）Schltr. |

白蝶兰属   *Pecteilis* Rafin.

| 2644 | 龙头兰 | *Pecteilis susannae*（L.）Rafin. |

阔蕊兰属   *Peristylus* Bl.

| 2645 | 长须阔蕊兰 | *Peristylus calcaratus*（Rolfe）S. Y. Hu |
| 2646 | 阔蕊兰 | *Peristylus goodyeroides*（D. Don）Lindl. |

鹤顶兰属   *Phaius* Lour.

| 2647 | 黄花鹤顶兰 | *Phaius flavus*（Bl.）Lindl. |
| 2648 | 鹤顶兰 | *Phaius tankervilleae*（Banks ex L'Herit.）Bl. |

蝴蝶兰属   *Phalaenopsis* Bl.

| ＊2649 | 蝴蝶兰 | *Phalaenopsis aphrodite* Rchb. f. |

石仙桃属   *Pholidota* Lindl. ex. Hook.

| 2650 | 细叶石仙桃 | *Pholidota cantonensis* Rolfe |
| 2651 | 石仙桃 | *Pholidota chinensis* Lindl. |

舌唇兰属   *Platanthera* L. C. Rich.

| 2652 | 小舌唇兰 | *Platanthera minor*（Miq.）Rchb. f. |

独蒜兰属   *Pleione* D. Don

| 2653 | 独蒜兰 | *Pleione bulbocodioides*（Franch.）Rolfe |
| 2654 | 陈氏独蒜兰 | *Pleione chunii* C. L. Tso |

朱兰属   *Pogonia* Juss.

| 2655 | 朱兰 | *Pogonia japonica* Rchb. f. |

苞舌兰属	*Spathoglottis* Bl.
2656　苞舌兰	*Spathoglottis pubescens* Lindl.

绶草属	*Spiranthes* L. C. Rich.
2657　绶草	*Spiranthes sinensis*（Pers.）Ames

带唇兰属	*Tainia* Bl.
2658　带唇兰	*Tainia dunnii* Rolfe
2659　香港带唇兰	*Tainia hongkongensis* Rolfe
2660　阔叶带唇兰	*Tainia latifolia*（Lindl.）Rchb. f.

（二三八）灯心草科　　Juncaceae

灯心草属	*Juncus* Linn.
2661　翅茎灯心草	*Juncus alatus* Franch. et Savat.
2662　小灯心草	*Juncus bufonius* L.
2663　灯心草	*Juncus effusus* L.
2664　江南灯心草	*Juncus prismatocarpus* R. Br.

（二三九）莎草科　　Cyperaceae

球柱草属	*Bulbostylis* C. B. Clarke
2665　球柱草	*Bulbostylis barbata*（Rottb.）Kunth
2666　丝叶球柱草	*Bulbostylis densa*（Wall.）Hand. -Mazz.

薹草属	*Carex* Linn.
2667　团穗薹草	*Carex agglomerata* C. B. Clarke
2668　阿里山薹草	*Carex arisanensis* Hayata
2669　华南薹草	*Carex austrosinensis* Tang et F. T. Wang ex S. Yun Liang
2670　浆果薹草	*Carex baccans* Nees
2671　滨海薹草	*Carex bodinieri* Franch.
2672　短尖薹草	*Carex brevicuspis* C. B. Clarke
2673　中华薹草	*Carex chinensis* Retz.
2674　十字薹草	*Carex cruciata* Wahlenb.
2675　签草	*Carex doniana* Spreng.
2676　蕨状薹草	*Carex filicina* Nees
2677　穹隆薹草	*Carex gibba* Wahlenb.

2678	长梗薹草	*Carex glossostigma* Hand. -Mazz.
2679	长囊薹草	*Carex harlandii* Boott
2680	疏果薹草	*Carex hebecarpa* C. A. Mey.
2681	季庄薹草	*Carex jizhuangensis* S. Yun Liang
2682	故城薹草	*Carex kuchunensis* Tang et F. T. Wang ex S. Yun Liang
2683	香港薹草	*Carex ligata* Boott
2684	舌叶薹草	*Carex ligulata* Nees
2685	林氏薹草	*Carex lingii* F. T. Wang et Tang
2686	刘薹氏草	*Carex liouana* F. T. Wang et Tang
2687	斑点果薹草	*Carex maculata* Boott
2688	套鞘薹草	*Carex maubertiana* Boott
2689	条穗薹草	*Carex nemostachys* Steud.
2690	镜子薹草	*Carex phacota* Spreng.
2691	密苞叶薹草	*Carex phyllocephala* T. Koyama
2692	根花薹草	*Carex radiciflora* Dunn
2693	长颈薹草	*Carex rhyncophora* Franch.
2694	花葶薹草	*Carex scaposa* C. B. Clarke
2695	似柔果薹草	*Carex submollicula* Tang et F. T. Wang ex L. K. Dai
2696	长柱头薹草	*Carex teinogyna* Boott
2697	高节薹草	*Carex thomsonii* Boott
2698	三穗薹草	*Carex tristachya* Thunb.
2699	合鳞薹草	*Carex tristachya* Thunb. var. *pocilliformis*（Boott）Kük.
2700	截鳞薹草	*Carex truncatigluma* C. B. Clarke
2701	丫蕊薹草	*Carex ypsilandrifolia* F. T. Wang et Tang
2702	遵义薹草	*Carex zunyiensis* Tang et F. T. Wang

莎草属　　　　　　　　*Cyperus* Linn.

2703	扁穗莎草	*Cyperus compressus* L
2704	异型莎草	*Cyperus difformis* L.
2705	多脉莎草	*Cyperus diffusus* Vahl
2706	穆穗莎草	*Cyperus eleusinoides* Kunth
2707	畦畔莎草	*Cyperus haspan* L.
2708	碎米莎草	*Cyperus iria* L.
2709	短叶茫芏	*Cyperus malaccensis* Lam. var. *brevifolius* Boeckeler
2710	旋鳞莎草	*Cyperus michelianus*（L.）Link
2711	纸莎草	*Cyperus papyrus* L.

2712	毛轴莎草	*Cyperus pilosus* Vahl
2713	香附子	*Cyperus rotundus* Linn.

飘拂草属 **Fimbristylis** Vahl

2714	夏飘拂草	*Fimbristylis aestivalis*（Retz.）Vahl
2715	扁鞘飘拂草	*Fimbristylis complanata*（Retz.）Link
2716	两歧飘拂草	*Fimbristylis dichotoma*（Linn.）Vahl
2717	水虱草	*Fimbristylis miliacea*（L.）Vahl
2718	西南飘拂草	*Fimbristylis thomsonii* Boeckeler

芙兰草属 **Fuirena** Rottb.

2719	毛芙兰草	*Fuirena ciliaris*（L.）Roxb.

黑莎草属 **Gahnia** J. R. et G. Forst.

2720	黑莎草	*Gahnia tristis* Nees

荸荠属 **Heleocharis** R. Br.

2721	密花荸荠	*Heleocharis congesta* D. Don
2722	荸荠	*Heleocharis dulcis*（Burm. f.）Trin.
2723	龙师草	*Heleocharis tetraquetra* Nees

水莎草属 **Juncellus**（Griseb.）C. B. Clarke

2724	水莎草	*Juncellus serotinus*（Rottb.）C. B. Clarke

水蜈蚣属 **Kyllinga** Rottb.

2725	短叶水蜈蚣	*Kyllinga brevifolia* Rottb.
2726	单穗水蜈蚣	*Kyllinga monocephala* Rottb.

鳞籽莎属 **Lepidosperma** Labill.

2727	鳞籽莎	*Lepidosperma chinense* Nees

湖瓜草属 **Lipocarpha** R. Br.，nom. conserv.

2728	华湖瓜草	*Lipocarpha chinensis*（Osbeck）T. Tang et F. T. Wang

砖子苗属 **Mariscus** Gaertn.

2729	莎草砖子苗	*Mariscus cyperinus*（Retz.）Vahl
2730	砖子苗	*Mariscus umbellatus* Vahl

扁莎属 **Pycreus** P. Beauv.

2731	球穗扁莎	*Pycreus globosus* Rchb.
2732	多枝扁莎	*Pycreus polystachyus*（Rottb.）P. Beauv.

刺子莞属 **Rhynchospora** Vahl

2733	白喙刺子莞	*Rhynchospora brownii* Roem. et Schult.

2734	华刺子莞	*Rhynchospora chinensis* Nees et Meyen
2735	细叶刺子莞	*Rhynchospora faberi* C. B. Clarke
2736	刺子莞	*Rhynchospora rubra*（Lour.）Makino

藨草属　　　　*Scirpus* Linn.

2737	细辐射枝藨草	*Scirpus filipes* C. B. Clarke
2738	萤蔺	*Scirpus juncoides* Roxb.
2739	北水毛花	*Scirpus mucronatus* L.
2740	百球藨草	*Scirpus rosthornii* Diels
2741	细秆藨草	*Scirpus setaceus* L.
2742	类头状花序藨草	*Scirpus subcapitatus* Thwaites et Hook.
2743	百穗藨草	*Scirpus ternatanus* Reinw. ex Miq.
2744	猪毛草	*Scirpus wallichii* Nees

珍珠茅属　　　　*Scleria* Bergius.

2745	二花珍珠茅	*Scleria biflora* Roxb.
2746	华珍珠茅	*Scleria chinensis* Kunth
2747	高秆珍珠茅	*Scleria elata* Thwaites
2748	圆秆珍珠茅	*Scleria harlandii* Hance
2749	毛果珍珠茅	*Scleria hebecarpa* Nees
2750	黑鳞珍珠茅	*Scleria hookeriana* Boeckeler

（二四〇）禾本科　　　　Gramineae

A 竹亚科　　　　Bambusoideae

酸竹属　　　　*Acidosasa* C. D. Chu et C. S. Chao

| 2751 | 酸竹 | *Acidosasa chinensis* C. D. Chu et C. S. Chao |

簕竹属　　　　*Bambusa* Schreber

*2752	花竹	*Bambusa albolineata* Chia
2753	单竹	*Bambusa cerosissima* McClure
2754	粉单竹	*Bambusa chungii* McClure
2755	小簕竹	*Bambusa flexuosa* Munro
*2756	观音竹	*Bambusa multiplex*（Lour.）Raeuschel var. *riviereorum* R. Maire
2757	长毛米筛竹	*Bambusa pachinensis* Hayata var. *hirsutissima*（Odashima）W. C. Lin
2758	撑篙竹	*Bambusa pervariabilis* McClure

2759	硬头黄竹	*Bambusa rigida* Keng et Keng f.
2760	木竹	*Bambusa rutila* McClure
2761	车筒竹	*Bambusa sinospinosa* McClure
2762	青皮竹	*Bambusa textilis* McClure
2763	青竿竹	*Bambusa tuldoides* Munro
*2764	佛肚竹	*Bambusa ventricosa* McClure
*2765	黄金间碧竹	*Bambusa vulgaris* Schrader 'Vittata' McClure

绿竹属 *Dendrocalamopsis* (Chia et H. L. Fung) Keng f.

*2766	吊丝球竹	*Dendrocalamopsis beecheyana* (Munro) Keng f.

牡竹属 *Dendrocalamus* Nees

*2767	麻竹	*Dendrocalamus latiflorus* Munro

箬竹属 *Indocalamus* Nakai

2768	粽巴箬竹	*Indocalamus herklotsii* McClure
*2769	箬叶竹	*Indocalamus longiauritus* Hand. -Mazz.
*2770	箬竹	*Indocalamus tessellatus* (Munro) Keng f.

刚竹属 *Phyllostachys* Sieb. et Zucc.

*2771	人面竹	*Phyllostachys aurea* Carr. ex A. et C. Riv.
2772	桂竹	*Phyllostachys bambusoides* Sieb. et Zucc.
2773	篌竹	*Phyllostachys nidularia* Munro
2774	实肚竹	*Phyllostachys nidularia* Munro form. *farcata* H. R. Zhao et A. T. Liu
*2775	紫竹	*Phyllostachys nigra* (Lodd. ex Lindl.) Munro
*2776	毛竹	*Phyllostachys heterocycla* (Carr.) Mitford 'Pubescens'
2777	刚竹	*Phyllostachys sulphurea* (Carr.) A. 'Viridis'

矢竹属 *Pseudosasa* Makino ex Nakai

*2778	茶竿竹	*Pseudosasa amabilis* (McClure) Keng f.
2779	托竹	*Pseudosasa cantori* (Munro) Keng f.
2780	簝竹	*Pseudosasa hindsii* (Munro) C. D. Chu et C. S. Chao

裡劳竹属 *Schizostachyum* Nees

2781	苗竹仔	*Schizostachyum dumetorum* (Hance) Munro

B 禾亚科 Agrostidoideae

毛颖草属 *Alloteropsis* J. S. Presl ex Presl

2782	毛颖草	*Alloteropsis semialata* (R. Br.) Hitchc.

看麦娘属	**Alopecurus** Linn.
2783 看麦娘	*Alopecurus aequalis* Sobol.
2784 日本看麦娘	*Alopecurus japonicus* Steud.

水蔗草属	**Apluda** Linn.
2785 水蔗草	*Apluda mutica* Linn.

三芒草属	**Aristida** L.
2786 黄草毛	*Aristida cumingiana* Trin. et Rupr.

荩草属	**Arthraxon** Beauv.
2787 荩草	*Arthraxon hispidus*（Thunb.）Makino

野古草属	**Arundinella** Raddi
2788 野古草	*Arundinella anomala* Steud.
2789 毛秆野古草	*Arundinella hirta*（Thunb.）Tanaka
2790 石芒草	*Arundinella nepalensis* Trin.
2791 刺芒野古草	*Arundinella setosa* Trin.

芦竹属	**Arundo** Linn.
2792 芦竹	*Arundo donax* Linn.

地毯草属	**Axonopus** Beauv.
*2793 地毯草	*Axonopus compressus*（Sw.）P. Beauv.

孔颖草属	**Bothriochloa** O. Kuntze.
2794 臭根子草	*Bothriochloa bladhii*（Retz.）S. T. Blake
2795 白羊草	*Bothriochloa ischaemum*（L.）Keng
2796 孔颖草	*Bothriochloa pertusa*（L.）A. Camus

拂子茅属	**Calamagrostis** Adans.
2797 拂子茅	*Calamagrostis epigeios*（L.）Roth

细柄草属	**Capillipedium** Stapf
2798 硬秆子草	*Capillipedium assimile*（Steud.）A. Camus
2799 细柄草	*Capillipedium parviflorum*（R. Br.）Stapf

金须矛属	**Chrysopogon** Trin.
2800 竹节草	*Chrysopogon aciculatus*（Retz.）Trin.

薏苡属	**Coix** Linn.
*2801 薏苡	*Coix lacryma-jobi* Linn.

香茅属	**_Cymbopogon_** Spreng.
2802 橘草	_Cymbopogon goeringii_（Steud.）A. Camus
2803 扭鞘香茅	_Cymbopogon hamatulus_（Hook. et Arn.）A. Camus

狗牙根属	**_Cynodon_** Rich.
2804 狗牙根	_Cynodon dactylon_（L.）Pers.

弓果黍属	**_Cyrtococcum_** Stapf
2805 弓果黍	_Cyrtococcum patens_（L.）A. Camus

马唐属	**_Digitaria_** Hall.
2806 升马唐	_Digitaria ciliaris_（Retz.）Koel.
2807 二型马唐	_Digitaria heterantha_（Hook. f.）Merr.
2808 马唐	_Digitaria sanguinalis_（Linn.）Scop.

觿茅属	**_Dimeria_** R. Br.
2809 觿茅	_Dimeria ornithopoda_ Trin.

稗属	**_Echinochloa_** Beauv.
2810 光头稗	_Echinochloa colonum_（L.）Link
2811 稗	_Echinochloa crusgalli_（L.）P. Beauv.

穇属	**_Eleusine_** Gaertn.
*2812 穇子	_Eleusine coracana_（L.）Gaertn.
2813 牛筋草	_Eleusine indica_（Linn.）Gaertn.

画眉草属	**_Eragrostis_** Wolf
2814 乱草	_Eragrostis japonica_（Thunb.）Trin.
2815 黑穗画眉草	_Eragrostis nigra_ Nees ex Steud.
2816 宿根画眉草	_Eragrostis perennans_ Keng
2817 画眉草	_Eragrostis pilosa_（Linn.）Beauv.
2818 多毛知风草	_Eragrostis pilosissima_ Link
2819 牛虱草	_Eragrostis unioloides_（Retz.）Nees ex Steud.

蜈蚣草属	**_Eremochloa_** Buse
2820 蜈蚣草	_Eremochloa ciliaris_（Linn.）Merr.
2821 假俭草	_Eremochloa ophiuroides_（Munro）Hack.

鹧鸪草属	**_Eriachne_** R. Br.
2822 鹧鸪草	_Eriachne pallescens_ R. Br.

黄金茅属	**_Eulalia_** Kunth
2823 金茅	_Eulalia speciosa_（Debeaux）Kuntze

耳稃草属   *Garnotia* Brongn.

     2824   耳稃草   *Garnotia patula*（Munro）Benth.

黄茅属   *Heteropogon* Pers.

     2825   黄茅   *Heteropogon contortus*（L.）P. Beauv. ex Roem. et Schult.

距花黍属   *Ichnanthus* Beauv.

     2826   距花黍   *Ichnanthus vicinus*（F. M. Bailey）Merr.

白茅属   *Imperata* Cyrillo

     2827   白茅   *Imperata cylindrica*（L.）Beauv.

     2828   丝茅   *Imperata koenigii*（Retz.）P. Beauv.

柳叶箬属   *Isachne* R. Br.

     2829   柳叶箬   *Isachne globosa*（Thunb. ex Murray）Kuntze

     2830   刺毛柳叶箬   *Isachne hirsuta*（Hook. f.）Keng f.

     2831   日本柳叶箬   *Isachne nipponensis* Ohwi

     2832   平颖柳叶箬   *Isachne truncata* A. Camus

鸭嘴草属   *Ischaemum* Linn.

     2833   粗毛鸭嘴草   *Ischaemum barbatum* Retz.

     2834   细毛鸭嘴草   *Ischaemum indicum*（Houtt.）Merr.

假稻属   *Leersia* Soland. ex Swartz.

     2835   李氏禾   *Leersia hexandra* Sw.

黑麦草属   *Lolium* L.

     *2836   黑麦草   *Lolium perenne* L.

淡竹叶属   *Lophatherum* Brongn.

     2837   淡竹叶   *Lophatherum gracile* Brongn.

莠竹属   *Microstegium* Nees

     2838   刚莠竹   *Microstegium ciliatum*（Trin.）A. Camus

     2839   蔓生莠竹   *Microstegium vagans*（Nees ex Steud.）A. Camus

芒属   *Miscanthus* Andress.

     2840   五节芒   *Miscanthus floridulus*（Labill.）Warb. ex K. Schum. et Lauterb.

     2841   芒   *Miscanthus sinensis* Andress.

类芦属   *Neyraudia* Hook. f.

     2842   山类芦   *Neyraudia montana* Keng

     2843   类芦   *Neyraudia reynaudiana*（Kunth）Keng ex Hitchc.

米草属		***Oplismenus* Beauv.**
	2844 竹叶草	*Oplismenus compositus*（L.）P. Beauv.
	2845 中间型竹叶草	*Oplismenus compositus*（L.）P. Beauv. var. *intermedius*（Honda）Ohwi
	2846 求米草	*Oplismenus undulatifolius*（Ard.）P. Beauv.
稻属		***Oryza* L.**
	＊2847 稻	*Oryza sativa* L.
露籽草属		***Ottochloa* Dandy**
	2848 露籽草	*Ottochloa nodosa*（Kunth）Dandy
黍属		***Panicum* L.**
	2849 短叶黍	*Panicum brevifolium* L.
	2850 心叶稷	*Panicum notatum* Retz.
	2851 水生黍	*Panicum paludosum* Roxb.
	2852 铺地黍	*Panicum repens* Linn.
雀稗属		***Paspalum* L.**
	2853 两耳草	*Paspalum conjugatum* P. J. Bergius
	2854 长叶雀稗	*Paspalum longifolium* Roxb.
	2855 圆果雀稗	*Paspalum orbiculare* G . Forst.
	2856 雀稗	*Paspalum thunbergii* Kunth ex Steud.
狼尾草属		***Pennisetum* Rich.**
	2857 狼尾草	*Pennisetum alopecuroides*（L.）Spreng.
	＊2858 象草	*Pennisetum purpureum* Schumach.
早熟禾属		***Poa* Linn.**
	2859 白顶早熟禾	*Poa acroleuca* Steud.
金发草属		***Pogonatherum* Beauv.**
	2860 金丝草	*Pogonatherum crinitum*（Thunb.）Kunth
	2861 金发草	*Pogonatherum paniceum*（Lam.）Hack.
钩毛草属		***Pseudechinolaena* Stapf**
	2862 钩毛草	*Pseudechinolaena polystachya*（Kunth）Stapf
红毛草属		***Rhynchelytrum* Nees**
	2863 红毛草	*Rhynchelytrum repens*（Willd.）C. E. Hubb.
鹅观草属		***Roegneria* C. Koch.**
	2864 竖立鹅观草	*Roegneria japonensis*（Honda）Keng

| 2865 | 鹅观草 | *Roegneria kamoji*（Ohwi）Keng et S. L. Chen |

甘蔗属   *Saccharum* Linn.

2866	斑茅	*Saccharum arundinaceum* Retz.
*2867	甘蔗	*Saccharum officinarum* L.
*2868	竹蔗	*Saccharum sinense* Roxb.
2869	甜根子草	*Saccharum spontaneum* L.

囊颖草属   *Sacciolepis* Nash

| 2870 | 囊颖草 | *Sacciolepis indica*（Linn.）A. Chase |

裂稃草属   *Schizachyrium* Nees

| 2871 | 裂稃草 | *Schizachyrium brevifolium*（Sw.）Nees ex Buse |
| 2872 | 红裂稃草 | *Schizachyrium sanguineum*（Retz.）Alston |

狗尾草属   *Setaria* Beauv.

2873	莠狗尾草	*Setaria geniculata*（Lam.）Beauv.
2874	金色狗尾草	*Setaria glauca*（L.）Beauv.
2875	褐毛狗尾草	*Setaria pallidefusca*（Schumach.）Stapf et C. E. Hubb.
2876	棕叶狗尾草	*Setaria palmifolia*（Koen.）Stapf
2877	皱叶狗尾草	*Setaria plicata*（Lam.）T. Cooke
2878	狗尾草	*Setaria viridis*（L.）P. Beauv.

鼠尾粟属   *Sporobolus* R. Br.

| 2879 | 鼠尾粟 | *Sporobolus fertilis*（Steud.）W. D. Clayt. |

菅属   *Themeda* Forssk.

2880	苇菅	*Themeda arundinacea*（Roxb.）A. Camus
2881	苞子草	*Themeda caudata*（Nees）A. Camus
2882	菅	*Themeda villosa*（Poir.）A. Camus

棕叶芦属   *Thysanolaena* Nees

| 2883 | 棕叶芦 | *Thysanolaena maxima*（Roxb.）Kuntze |

草沙蚕属   *Tripogon* Roem. et Schult.

| 2884 | 长芒草沙蚕 | *Tripogon longearistatus* Nakai |

三毛草属   *Trisetum* Pers.

| 2885 | 三毛草 | *Trisetum bifidum*（Thunb.）Ohwi |

香根草属   *Vetiveria* Bory

| *2886 | 香根草 | *Vetiveria zizanioides*（L.）Nash |

玉蜀黍属　　　　*Zea* Linn.

　　＊2887　玉蜀黍　　　*Zea mays* L.

结缕草属　　　　*Zoysia* Willd.

　　＊2888　细叶结缕草　　*Zoysia tenuifolia* Willd. ex Trin.

科、属拉丁名索引

A

科、属拉丁名索引

151

B

C

D

E

F

G

Ⓗ

Ⓜ

Q

R

S

T

W

X

Y

Z